煤炭职业教育"十四五"规划教材

煤矿安全智能监测监控技术

主　编　孟　然　贠少强　李玉杰
副主编　郎代志　唐　洪　赵　炬

应急管理出版社

·北　京·

内 容 提 要

本书分为 8 个模块 23 个项目，包括煤矿安全智能监测监控系统基础知识、煤矿安全监测监控系统行业标准、矿用传感器、矿用监控分站、传输网络、矿用甲烷超限报警断电装置、监测监控系统融合与联动、监测监控系统操作与应用以及煤矿智能化建设典型应用案例等内容。

本书可以作为高职院校煤矿智能开采技术专业、通风技术与安全管理专业和其他矿业类相关专业的教学用书，也可作为继续教育学院和岗位技术培训的教学用书。

前　　言

立德树人，是教育的根本任务。《高等学校课程思政建设指导纲要》指出：落实立德树人根本任务，必须将价值塑造、知识传授和能力培养三者融为一体、不可割裂。职业教育肩负着培养大国工匠、能工巧匠、高素质技术技能人才的重任。基于此，本教材以校企合作、共建共享为引领，以安全监测工岗位能力培养为本位，融入全国煤炭行业职业技能竞赛及《煤矿安全监测监控作业安全技术实际操作考试标准》相关内容，引入煤矿监测监控新技术、新工艺、新标准，力求提升学生的技能水平和职业素养。同时，挖掘提炼专业知识中所蕴含的思想价值和精神内涵，将大国工匠、精益求精、标准意识、工程思维、数字素养等思政元素融入教材内容，运用思政理论实现专业教育和思政教育的双目标。

本教材具有以下特点。

(1) 在教材的编写理念上坚持以马克思列宁主义、毛泽东思想、邓小平理论、"三个代表"重要思想、科学发展观和习近平新时代中国特色社会主义思想为指导，遵循以立德树人为根本，以服务煤矿发展为宗旨，以促进就业为导向和科学性与实践性相统一的原则。

(2) 教材内容设计采用模块项目任务式编写，每个项目包括学习目标、案例导入、知识链接、知识加油站、任务实施、思政小课堂、任务考核、任务评价等环节，做到了知识、素养、技能的有机结合，强调职业能力的养成，凸显职业教育教材易教、易学、易懂的特色。

(3) 充分利用数字化建设成果与"互联网+"的优势，通过"智慧职教""学堂在线"建设标准化课程，实现本书资源的数字化、网络化，并择取课程微课、视频、动画等资源，以二维码的形式提供给读者，支持线上线下教学，实现"大数据信息课堂"。

本书由陕西能源职业技术学院一线骨干教师、陕西彬长矿业集团有限公司技术专家、重庆梅安森科技股份有限公司能工巧匠联合编写，陕西能源职业技术学院孟然、贠少强、李玉杰任主编，重庆梅安森科技股份有限公司郎代志、陕西彬长矿业集团有限公司唐洪、陕西能源职业技术学院赵炬任副主编。具体分工如下：模块一、模块三由孟然撰写，模块二、模块四由贠少强撰写，模块五由李玉杰撰写，模块七由郎代志撰写，模块八由唐洪撰写，模块六由赵炬撰写，全书由孟然统稿。

由于编者水平有限，书中难免存在不足之处，恳请广大读者提出宝贵的意见和建议，以便修订和完善。

编 者

2024年7月于西安

目 录

模块一 煤矿安全智能监测监控系统认识 ··· 1
 项目一 煤矿安全智能监测监控系统及发展现状 ································ 1
 项目二 煤矿安全智能监测监控系统的组成与特点 ···························· 10
 项目三 煤矿安全监测监控系统软件 ·· 14

模块二 煤矿安全监测监控系统行业标准 ·· 25
 项目一 煤矿安全监控系统及检测仪器使用管理规范 ························· 25
 项目二 煤矿安全监控系统通用技术要求 ······································ 40

模块三 矿用传感器的使用与维护 ·· 47
 项目一 认识矿用传感器 ··· 47
 项目二 矿用传感器安全要求 ·· 55
 项目三 矿用传感器的日常维护 ··· 69

模块四 煤矿安全监测监控分站的使用及维护 ···································· 75
 项目一 监控分站的功能和技术要求 ·· 75
 项目二 KJF130 矿用本安型监控分站 ·· 79

模块五 煤矿安全智能监测监控系统传输网络 ···································· 88
 项目一 传输网络 ·· 88
 项目二 矿用传输线缆 ·· 94
 项目三 矿用信息传输方式 ··· 101

模块六 矿用甲烷超限报警断电装置的使用与维护 ···························· 106
 项目一 便携式甲烷检测报警仪 ·· 106
 项目二 车载式甲烷断电仪 ··· 110
 项目三 矿用断电控制器 ·· 119
 项目四 甲烷电、风电闭锁装置 ·· 126

模块七 煤矿安全监测监控系统联动与操作 ····································· 134
 项目一 煤矿安全监测监控系统融合技术 ···································· 134
 项目二 煤矿监控信息融合与系统联动 ······································· 143

项目三　KJ95X 煤矿安全监测监控系统及操作 ……………………………………… 151
模块八　煤矿智能化建设典型应用案例 …………………………………………… 176
  项目一　付村煤矿通风系统智能决策与动态管控平台 ………………………… 176
  项目二　新田煤矿 5G 专网与视频 AI 分析系统 ………………………………… 180
  项目三　黄陵一号煤矿智能化矿山建设实践 …………………………………… 183

参考文献 …………………………………………………………………………………… 192

模块一　煤矿安全智能监测监控系统认识

◎ 模块说明

煤矿安全监测监控系统是针对煤矿生产环境进行监测、监控、预警和管理的系统，主要包括煤矿生产现场视频监控、气体监测、火灾监测、环境温湿度监测等，在技术、安全、成本、厂家服务等方面为安全生产起保驾护航的作用。本模块主要学习煤矿安全智能监测监控系统及发展、组成与特点以及软件。

项目一　煤矿安全智能监测监控系统及发展现状

◎ 学习目标

☞ 知识目标

（1）了解煤矿安全智能监测监控系统组成。
（2）了解煤矿安全智能监测监控系统的现状。

☞ 能力目标

（1）能叙述煤矿安全监测监控系统的定义。
（2）能辨识煤矿安全监测监控系统组成部件。
（3）能阐述煤矿安全监测监控系统的作用。

☞ 素质目标

培养严谨仔细的工作态度，在作业岗位中树立安全第一、预防为主的安全思想。

◎ 案例导入

2023年5月9日，河南三门峡河南大有能源股份有限公司某煤矿发生较大火灾事故，造成5人遇难，直接经济损失1483.26万元。事故调查发现，该矿安全监控系统未监测到煤层自然发火初期和发展期状态变化信息，与之相关的10个一氧化碳（CO）传感器均未报警。该矿安全监控系统将一氧化碳传感器瞬时超限（大于1000 ppm）错误认定为故障断电，不属有效监测值，不显示数据，导致井下一氧化碳浓度瞬间超限后未报警，煤矿安全监控系统形同虚设。

◎ 知识链接

知识点一　煤矿安全智能监测监控系统概述

一、监测监控系统定义

监测监控，就是利用传感器将被监控对象中的物理参量（如温度、压力、液位、速度等）转换为电量（如电压、电流），再将这些电量送入输入装置中转换为计算机可识别的数字量，并且在输入装置或计算机以数字、图形或曲线的方式显示出来，从而使操作人员能够直观地了解被监控对象的变化过程。同时，计算机还可以将采集到的数据存储起来，随时进行分析、统计和制作各种报表。如果需要对被监控的对象进行控制，则计算机应用软件根据采集到的物理参量的大小和变化情况与工艺要求的设定值进行比较判断，然后在输出装置中输出相应的电信号，推动执行装置（如调节阀、电动机等）动作从而完成相应的控制任务。

监测监控系统，就其功能而言，一是"测"（即检测被控变量），二是"控"（即根据检测参数去控制执行机构）；就其技术而言，是传感器技术、通信技术、计算机技术、控制技术、计算机网络技术等信息技术的综合；就其组成而言，是分布式的计算机管理系统；就其地位而言，是企业综合自动化CIMS（computer integrated manufacturing systems，计算机集成制造系统）中的子系统；就其理论基础而言，是维纳（Wiener）提出的控制论、香农（Shannon）提出的信息论、贝塔朗菲（Bertalanffy）提出的系统论的综合与实践。

按照任务的不同，监测监控系统可以分为检测系统、控制系统和测控系统。检测系统又称为数据采集系统，是单纯以检测为目的的系统，主要实现数据的采集。控制系统是单纯以控制为目的的系统，主要实现对生产过程的控制。测控系统是测控一体化的系统，即通过对大量数据进行采集、存储、处理和传输，使控制对象实现预期要求的系统。测控系统是工程领域应用较广泛的系统。

二、监测监控系统构成

（一）监测监控系统基本构成

不同类型的监测监控系统存在较大的差异，但具有相似的结构和许多共同的特征，其基本原理结构如图1-1所示。简单的监测监控系统由被控对象、检测单元、控制器、执行机构4个基本单元组成。

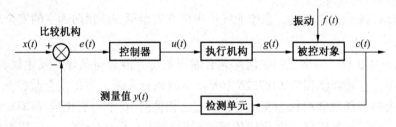

图1-1 监测监控系统基本原理结构图

1. 被控对象

被控对象是指被控制的装置或设备。被控变量 $c(t)$ 是影响系统安全性、经济性、稳定性的变量。

2. 检测单元

检测单元的功能是感受并测出被控变量的大小，变换成控制器所需要的信号形式 $y(t)$。一般检测单元是由敏感元件、转换元件及信号处理电路组成的传感器，若检测单元输出的是标准信号，则称检测单元为变送器。

3. 控制器

将检测单元的输出信号 $y(t)$ 与被控变量的设定值信号 $x(t)$ 进行比较得出偏差信号

$e(t)$，根据这个偏差信号的大小按一定的运算规律计算出控制信号$u(t)$，然后将控制信号传送给执行机构。

4. 执行机构

执行机构接收控制器发出的控制信号$u(t)$，直接改变控制变量$g(t)$，使被控变量$c(t)$恢复至设定数值。

在一个监测监控系统中，除上述基本的4部分之外，还有一些辅助装置，如给定装置、转换装置、显示装置、报警单元等。

(二) 煤矿安全监测监控系统构成

煤矿安全监测监控系统是两级或三级管理的集散控制系统，通过中心站和测控分站实现"集中管理、分散控制"的目的。其主要由监测终端、监控中心站、通信接口装置、监控分站、传感器组成。每个监控分站负责某几路传感器信号的采集和某个执行机构的控制，实现了采集、控制分散；中心站负责数据的处理、储存、传输，实现了管理的集中。中心站与分站和计算机网络之间的通信、传感器到监控分站的数据传输、监控分站到执行或控制装置信号的传输，都是通过传输信道实现的。

典型监测监控系统的组成如图1-2所示。

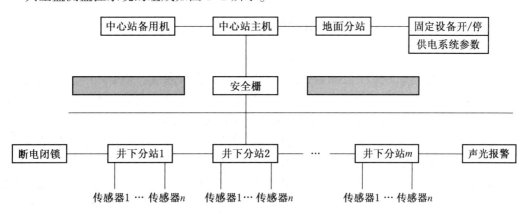

图1-2 典型监测监控系统的组成图

1. 监控分站

监控分站（简称分站）根据放置地点和防爆要求的不同，有井下分站和地面分站之分。监控分站的主要功能是采集由传感器传来的环境安全参数、设备工况参数等信息，并进行预处理；根据预先设定的参数极限，发出超限声光报警信号和断电、闭锁信号；与中心站通过传输信道进行通信，传输被测量信息，接收中心站的命令。井上、井下信息的交换必须加安全栅隔离。

监控分站的核心是单片机组成的微型计算机系统，包括CPU、ROM、RAM、I/O接口、必需的外设、系统软件和应用软件。

1) 传感器

传感器是将被测的物理量转换为便于传输和处理的电信号，经传输线和监控分站连接，为监控分站提供信息。传感器按输出信号的种类可分为模拟量传感器和开关量传感器。根据监控系统的特点和考虑抗干扰等因素，很多传感器采用频率信号输出，为监控分站的采集和处理带来很大的方便。

有的传感器本身就是智能传感器，输出为数字量信号，可不设置监控分站，由传感器与中心站直接交换信息。

2）执行或控制装置

执行或控制装置是根据监控分站或中心站的命令，实现状态转换和控制的装置，主要包括声光报警装置和断电、闭锁装置等。

报警装置的作用是根据安全参数的极限值发出声光报警信号。

断电、闭锁装置的作用是在安全参数超限时，切断工作面工作设备的电源，以免发生事故或防止事故扩大，从而实现工作面电源的闭锁。

2. 中心站

中心站是整个监测监控系统的核心，通过监控分站实现对煤矿井下环境监测、故障报警、设备运行工况等信息的采集、处理、存储、显示等，并根据预设实施远程控制。中心站主要由监控主机、主控软件数据传输接口、打印机、大屏幕显示器、网络终端等组成。

中心站主机一般设置两台，采用冷备份或热备份的方式，互为备用。主机的作用是系统的管理、数据的处理和输出，并进行存储，必要时对关键设备实施控制。

三、煤矿安全生产对监测监控系统的基本要求

1. 矿井安全监测监控系统对信息传输的要求

信息传输要求是矿井安全监测监控系统硬件通用、软件兼容、信道共享、信息共享的基础，对促进矿井安全监测监控产品标准化、提高产品质量具有重要作用。

(1) 矿井安全监测监控系统的传输介质可以是电缆、光缆等。

(2) 为便于系统安装维护、节约传输电缆、降低系统成本，宜采用树形网络结构，也可采用环形、总线形、星形或其他网络结构。

(3) 矿井安全监测监控系统宜采用多主或无主工作方式，也可采用主从等其他工作方式。

(4) 为满足环境安全、轨道运输、输送带运输等就地监控的需要，可单层连接，也可多层连接。

(5) 单向传输仅适用于监测系统，全双工传输适用于传输通道较多、信号带宽要求较大及远程遥控等场合。

(6) 为了保证实时性，需对最大传输容量下的巡检周期作出规定。

(7) 译码能力通常与地址场的字长有关，而物理层则是决定节点容量的关键因素。此外，还应对信号、同步方式、调制方式、字符、帧格式、输入输出方式、传输速率、误码率、传输处理误差、最大传输距离、最大节点容量等进行规定。

2. 矿井安全监测监控系统的通用要求

矿井安全监测监控系统除了应满足矿井监测监控信息传输要求外，还应满足下列要求。

(1) 应具有模拟量、开关量和累计量监测功能。

(2) 应具有声光报警、模拟量和开关量手动与自动控制功能。

(3) 应具有备用电源，当电网停电后，系统应能对主要监控量继续监控，且持续监控时间不少于 2 h。

(4) 应具有自检功能，当系统中设备发生故障时，应能够自检出故障类型和位置、报警并记录故障时间，以供查询及打印。

(5) 系统主机应双机备份，并具有手动切换功能，自动切换功能可选。

(6) 应具有实时存盘功能和列表显示功能。

(7) 应具有模拟量实时曲线和历史曲线显示功能。

(8) 应具有报表、曲线、柱状图、模拟图、初始化参数等召唤打印功能，定时打印功能可选，以便报表分析。

四、煤矿安全监测监控系统的作用

安全监测监控系统是一种自动采集信息、处理信息并进行控制的系统，具有及时、准确、连续、可靠的优点，在保障矿井安全、提高矿井"一通三防"管理水平、增强矿井抗灾能力等方面具有非常重要的作用，特别是预防煤矿瓦斯超限、积聚，防止瓦斯事故起到辅助决策的作用。

由于矿井安全监测监控系统朝着数字化、自动化和智能化的综合监控系统方向发展，并逐渐渗入到煤矿生产的各个环节，从而为煤矿安全生产和科学管理起到极为重要的作用。

◎ **知识加油站**

使用移动端识别二维码，观看煤矿安全智能监测监控系统视频资源，了解煤矿安全监测监控系统对于煤矿安全生产的重要性。

视频 煤矿安全智能监测监控系统

知识点二 国外煤矿安全智能监测监控系统的发展

国外安全监测监控系统应用于煤矿生产过程，是集环境安全、生产控制、调度运输等功能于一体的复合系统。按照安全监测监控系统信息传输特征来区分，可以将国外煤矿安全监测监控系统的发展划分5代产品。

第一代产品，信息传输采用空分制方式，这是国外最早应用于煤矿安全监测监控的信息传输方法。在20世纪60年代，英国煤矿的输送机控制、日本煤矿中的固定设备控制等大都采用这种技术，其中最具代表性的是法国的CCT63/40矿井环境监测系统，它可以检测瓦斯、一氧化碳等多种参数，布置40多个监测点。到了20世纪70年代末，西欧一些国家共装备了150多套系统。其中，波兰在70年代从法国引进这一技术后，推出了可测128个测点的CMC-1系统。

第二代产品，其主要技术特征是信道的频分制技术的应用，它大大减少了传输信道电缆芯数目，很快取代了空分制系统。英、美、德等国家的煤矿在20世纪60年代后期就大量采用频分制技术，其中最具代表性的是德国SIEMENS公司的TST系统和F+H公司的TF200系统，这些音频传输系统的信息传输技术以晶体管电路为主，它比空分制信息传输前进了一大步。

第三代产品，集成电路技术出现以后，推动了时分制信息传输技术的发展。其中发展较快的是英国，英国煤炭研究院于1976年推出了轰动一时的以时分制为基础的MINOS煤矿监控系统。在胶带运输系统应用取得成功后，他们立即推广到井下环境监测、供电供水监测和洗煤厂监控等方面，形成了全矿井监测监控系统。到了20世纪80年代初，MINOS

煤矿监控系统已经相当成熟，在英国国内得到大量推广，并向美国和印度出售。这一系统的成功应用，开创了煤矿自动化技术和安全监测监控技术发展的新局面，直到现在，国内外各种监测监控系统尽管在功能性和产品的技术先进性上都有较大的提高，但系统的整体结构仍没有太大的变化。

第四代产品，是以分布式微处理机为基础的安全监测监控系统。近年来，计算机技术、大规模集成电路技术、数据通信技术以及计算机网络技术等现代高新科技应用于煤矿监控系统，使得矿井安全监测监控技术跻身于高科技之列。最具代表性的是美国 MSA 公司的 DAN6400 系统，其信息传输方式虽然仍属于时分制范畴，但用原来的一般时分制的概念已经不足以反映这一技术的应用特点。

第五代产品，是以光纤通信技术为基础的安全监测监控系统。采用光纤通信技术是国外煤矿监测监控系统近年来发展的特点之一。第五代产品利用光纤高速数据通道将地面中心站与井下分站连接起来，以提高信息传输速度，扩大系统容量。如德国 AEG-TELEFUNKEN 公司将光纤通信用于 GEAMATIC2900i 矿井监控系统中；柏林技术大学将光纤通信用于矿井电力网监测系统中；英国在 MINOS 煤矿监控系统基础上也开发了 64 kb/s 光纤通信装置。在日本，尽管许多煤矿关闭，煤炭产量减少，但煤矿监测技术仍在不断创新。日本采矿研究中心利用局域网络（LAN）技术构成宽带传输线，具有高传输速率的特点，提出并开发了双回路环形系统。新系统由地面站、局域网系统（主系统）和本质安全子系统构成。主系统由一对光纤构成环路，每个站之间最大通信距离达 6 km；采用再生重复传输方法，传输速度达 8.192Mb/s。当某处电缆断开时，系统可以改变传输线路；某分站断电时，可将该分站旁路，不但增加了系统的信息量，其可靠性也得到了很大提高。

1995 年美国矿业局开发了光纤环境监测报警系统（Forewarns），对矿井中的一氧化碳、二氧化氮、二氧化硫 3 种有毒气体进行监测。该系统由中心站通过一个大芯径光纤向三种传感器提供光源。中心站由显示单元、激光组件组成，通过分光器将光信号分布到每个敏感组件（RSU）上。利用光纤技术监测瓦斯是气体传感器技术的新途径、新方向。

知识点三　国内煤矿安全智能监测监控系统的发展

我国的煤矿安全监测监控系统是坚持"自力更生"方针，在引进、吸收、消化国外先进的煤矿安全监测监控技术的基础上逐步发展起来的。我国自行设计的第一套煤矿安全监测监控系统是煤炭科学研究总院常州自动化研究所研制的 KJ1 系统。我国在 20 世纪 80 年代初，先后从法国引进了两套 CCT63/40 矿井环境监测系统，分别装备了阳泉一矿和兖州东滩矿。到了 80 年代中期，又从波兰引进了两套 CMC-20 型系统装备了抚顺龙凤矿和开滦赵各庄矿，并由抚顺煤矿安全仪器厂引进 CMC-20 制造技术。这是第一代安全监测监控系统在我国的应用情况。

1984 年，煤炭工业部从西德 F+H 公司引进一套 TF200 系统，装备了兖州兴隆庄煤矿，并由重庆煤矿安全仪器厂引进其制造技术。由此，国内许多矿井装备了 TF200 系统。同一年，我国从美国引进了两套 MSA 公司的 DAN6400 系统，分别装备在淮南潘一矿和鸡西的小恒山矿。

在 20 世纪 80 年代初，煤炭工业部组织了对国外煤矿安全监测监控技术进行大规模考察和引进的工作，大大促进了国内安全监测监控技术的发展。如常州自动化研究所研制的 KJ2 系统于 1988 年通过鉴定；原航空航天部 634 所的 KJ4 系统于 1986 年通过鉴定；镇江煤矿专用设备厂生产的 A-1 系统于 1988 年通过鉴定；淮南无线电厂生产的 A-2 系统于 1988 年通过鉴定；海南煤矿安全仪器厂 1989 年生产出了 KJ10 系统；中国矿业大学北京研究生部研制的 ZKY-1 系统于 1989 年通过鉴定；天津煤矿专用设备厂引进生产的森透里昂系统也于同一时期通过鉴定；常州自动化研究所的 KJ22 经济型煤矿监控系统于 1991 年通过鉴定；由常州自动化研究所、大同矿务局和阜新矿业学院研制的 KJ7 系统于 1991 年通过鉴定。这些标志着我国煤矿安全监测监控系统进入了国产化的轨道。

进入 20 世纪 90 年代，我国在煤矿安全监测监控技术方面的研究得到了进一步的发展，研制开发出一批具有世界先进水平的监测监控系统。如北京仙岛新技术研究所和抚顺煤矿安全仪器厂联合开发的 KJ66 系统，煤炭科学研究总院重庆分院的 KJ90 系统，上海嘉利矿山电子公司的 KJ92 系统，煤炭科学研究总院常州自动化研究所的 KJ95 系统等。其主要特点是，监控分站的智能化水平进一步提高，具有网络连接功能；管理系统软件普遍采用了 Windows 操作系统。

总结我国煤矿安全监测监控系统的技术发展，主要表现在以下 5 个方面。

（1）煤矿安全监测技术标准化工作逐步完善。为了规范管理煤矿安全监测系统，相继制定了《煤矿安全生产智能监控系统设计规范》（GB 51024—2014）、《煤矿安全监控系统及检测仪器使用管理规范》（AQ1029—2019）、《煤矿安全监控系统通用技术要求》（AQ6201—2019）、《煤炭工业矿井监测监控系统装备配置标准》（GB 50581—2020）以及甲烷、一氧化碳、风速等传感器国家标准规范。这些技术规范和标准对监测系统的技术规格、实时性、可靠性、精度、软件功能、关联设备等技术指标和试验方法作出了明确规定。这对我国煤矿安全监测系统的研究、设计及产品质量监督检验起到了指导和积极推动的作用。

（2）开发新型传输技术，系统容量扩大。我国现有的煤矿监测系统的数据传输信道基本上采用电信号传输，既有模拟传输系统，也有数字传输系统。从煤矿生产的实际情况出发，监测监控系统的网络结构，即中心站和监测分站之间的连接，一般采用树状网络结构。

（3）应用软件丰富，系统功能增强。随着微型计算机技术的快速发展，监测监控系统软件运行环境不断改善，应用软件的开发工作也不断深入。目前，矿井监测监控系统大部分采用了 Intel 系列 CPU 的工业控制机，硬件配置增强，配有实时、多任务操作系统。系统软件多运行在 Windows 中文操作平台上，不仅可以充分利用多进程、多线程技术实时并发处理多任务，还具有丰富多彩的用户界面，使监测监控软件的前后台处理能力增强。

（4）矿井专业化安全监测系统不断涌现。矿井安装安全监测系统的目的是要防止瓦斯、火灾等重大灾害事故的发生。煤矿自然发火预测预报、瓦斯突出预报、矿井带式输送机巷火灾监测等一系列专业安全监测系统相继研制成功。由煤炭科学研究总院抚顺分院开发的 KJF 系统将束管监测技术与环境监测系统相结合，将束管系统置于井下，解决了束管监测技术存在的取样时间延迟问题，为采空区自燃火灾监测预报及采空区注氮防火状态监测提供了手段。煤炭科学研究总院重庆分院开发的 KJ54 型矿井安全监测系统在现有监测系统的基础上，可以预报多种自然灾害（如矿压显现规律）。

（5）重视、加强传感器的开发研究。传感器是煤矿监测系统的重要组成部分。我国煤矿安全监测技术的发展，也相应地带动了煤矿安全监测传感器的技术进步。煤炭科学研究总院重庆分院等单位采用单片机研制出智能型甲烷传感器，增加了红外线非接触调校和自动调校功能，传感器整机稳定性有了一定提高。为了克服高浓度瓦斯冲击造成催化元件失效的问题，一些研究院所和企业采用催化和热导两种敏感元件研制了高、低浓度瓦斯传感器，相应延长了传感器的使用寿命。为提高一氧化碳传感器电化学敏感元件的寿命和稳定性，煤炭科学研究总院抚顺分院和武汉大学分别研制出胶体电解质和固体电解质一氧化碳元件，解决了电解质泄漏的问题，元件的使用寿命达到2年。

◎ 知识加油站

使用移动端识别二维码，观看煤矿监测监控系统视频资源，加深对煤矿安全监测监控系统的理解。

视频 煤矿安全监测监控系统的定义

◎ 任务实施

【任务要求】

随着科学技术的发展，安全监测监控技术已经深入煤矿生产中，请同学们搜索我国煤矿安全监测监控技术的应用案例，分析案例的特点。根据引导问题逐步学习、研讨，最终以PPT形式汇报成果。

【任务计划与实施】

引导问题1：监测监控的概念是什么？

引导问题2：请总结国外煤矿安全智能监测监控系统的发展阶段，以及每一阶段代表产品的功能特点？

引导问题3：请总结国内煤矿安全智能监测监控系统的发展特点。

◎ 思政小课堂

回顾我国煤矿安全监测监控技术的发展，从自力更生、白手起家，到百花齐放、制造大国、强国，体现了社会主义制度的优越性。通过剖析国内外安全监测监控技术产生差距的深层次原因，激发青年学生的爱国热情，树立为中华民族伟大复兴而奋斗的信念。

◎ 任务考核

1.（多选题）监测监控系统就其技术而言，监测监控系统是（　　）及计算机网络技术等信息技术的综合。

A. 传感器技术　　B. 通信技术　　C. 计算机技术　　D. 控制技术

2.（多选题）简单的计算机测控系统由（　　）4个基本单元组成。

A. 被控对象　　B. 检测单元　　C. 控制器　　D. 执行机构

3.（多选题）对于高瓦斯矿井而言，监测监控系统可从以下（　　）方面发挥作用。

A. 合理利用瓦斯超限断电功能，杜绝瓦斯超限

B. 监督安全技术措施的落实，及时消除瓦斯隐患

C. 为快速查找瓦斯超限原因提供帮助

D. 为矿井瓦斯治理提供基础数据

4.（单选题）国外安全监测监控系统第二代产品的特征是（　　）。

A. 信息传输采用空分制方式

B. 信道的频分制技术的应用

C. 集成电路技术出现以后，推动了时分制信息传输技术的发展

D. 以分布式微处理机为基础的安全监测监控系统

5.（判断题）我国的煤矿安全监测监控系统是坚持"自力更生"方针，在引进、吸收、消化国外先进的煤矿安全监测监控技术的基础上逐步发展起来的。（　　）

◎ 任务评价

根据考核内容，学生完成自我小结并进行自评打分，教师根据学生活动情况进行点评并完成教师打分，最后按学生自评分×40%+教师评分×60%计算得分。

考核评价表

模块一	项目一　煤矿安全智能监测监控系统的发展			
班级		姓名		
评价类别	考核内容	分数	学生自评分	教师评分
知识目标	了解煤矿安全智能监测监控系统组成	10		
	了解煤矿安全智能监测监控系统的发展	10		

表（续）

模块一	项目一 煤矿安全智能监测监控系统的发展			
能力目标	能叙述监测监控系统的定义	20		
	能辨识监测监控系统组成部件	20		
	能阐述安全监测监控系统的作用	20		
素质目标	培养严谨仔细的工作态度，在作业岗位中树立安全第一、预防为主的安全思想	20		
	小计	100		

项目二　煤矿安全智能监测监控系统的组成与特点

◎ 学习目标

☞ 知识目标

（1）掌握煤矿安全智能监测监控系统的分类。

（2）掌握煤矿安全智能监测监控系统的特点。

☞ 能力目标

（1）能叙述煤矿安全智能监测监控系统特点。

（2）能辨识煤矿安全智能监测监控系统的分类。

☞ 素质目标

树立一丝不苟、精益求精的工作态度，培养具体问题具体分析的工作思路。

◎ 知识导入

在煤矿生产中，早期使用的无线通信系统，往往采用频分复用技术，利用无线通信技术实现井下与地面的连接，其通信距离也有一定的限制。随着安全监控技术的应用，监控系统在事故安全预警以及安全隐患的预测方面，也能发挥重要作用。

◎ 知识链接

知识点一　煤矿安全智能监测监控系统的分类

煤矿安全监测监控系统可按监控目的、使用环境、复用方式、网络结构、信号、信号的传输方向、同步方式、调制方式等进行分类。

一、煤矿安全监测监控系统的分类

（1）按监测监控目的分为环境安全、轨道运输、输送带运输、提升运输、供电、排水、瓦斯抽放、人员位置、矿山压力、火灾、煤与瓦斯突出、大型机电设备健康状况等监控系统。

(2) 按使用环境分为防爆型（本质安全型、隔爆兼本质安全型、隔爆型等）、矿用一般型、地面普通型和复合型（由防爆型、矿用一般型和地面普通型中两种或两种以上构成）。

(3) 按复用方式分为频分制、时分制、码分制和复合复用方式（同时采用频分制、时分制、码分制中两种或两种以上）系统。

(4) 按采用的网络结构分为星形、环形、树形、总线型和复合型（同时采用星形、环形、树形、总线型中两种或两种以上）系统。

(5) 按信号传输方向分为单向、单工和双工系统；按所传输的信号，分为模拟传输系统和数字传输系统。

(6) 按调制方式分为基带、调幅、调频和调相等系统。

(7) 按同步方式不同分为同步传输系统和异步传输系统。

(8) 按工作方式分为主从、多主、无主系统等。

二、煤矿安全监测监控系统的作用

(1) 环境安全监测监控系统主要用来监测甲烷浓度、一氧化碳浓度、二氧化碳浓度、氧气浓度、硫化氢浓度、风速、负压、湿度、温度、风门状态、风筒状态、局部通风机开停、主通风机开停、工作电压、工作电流等，并能实现甲烷超限声光报警、断电和甲烷风电闭锁控制等。

(2) 轨道运输监控系统主要用来监测信号机状态、电动转撤机状态、机车位置、机车编号、运行方向、运行速度、车皮数、空（实）车皮数等，并能实现信号机、电动转辙机闭锁控制、地面远程调度与控制等。

(3) 输送带运输监控主要用来监测输送带速度、轴温、烟雾、堆煤、横向撕裂、纵向撕裂、跑偏、打滑、电机运行状态、煤仓煤位等，并能实现顺煤流启动、逆煤流停止闭锁控制和安全保护、地面远程调度与控制、输送带火灾监测与控制等。

(4) 提升运输监控系统主要用来监测罐笼位置、速度、安全门状态、摇台状态、阻车器状态等，并能实现推车、补车和提升闭锁控制等。

(5) 供电监控系统主要用来监测电网电压、电流、功率、功率因数、馈电开关状态、电网绝缘状态等，并能实现漏电保护、馈电开关闭锁控制和地面远程控制。

(6) 排水监控系统主要用来监测水仓水位，水泵开停，水泵工作电压、电流、功率，闸门状态，流量，压力等，并能实现阀门开关、水泵开关控制和地面远程控制。

(7) 火灾监控系统主要用来监测一氧化碳浓度、二氧化碳浓度、氧气浓度、温度、压差、烟雾等，并通过风门、风窗控制，实现均压灭火控制、制氮与注氮控制等。

(8) 瓦斯抽放监测监控系统主要用来监测甲烷浓度、压力、流量、温度、抽放泵状态等，并能实现甲烷超限声光报警、抽放泵和阀门控制等。

(9) 人员位置监测系统主要用来监测井下人员位置、滞留时间、个人信息等。

(10) 矿山压力监控系统主要用来监测地音、顶板位移、位移速度、位移加速度、红外发射、电磁发射等，并能实现矿山压力预报。

(11) 煤与瓦斯突出监控系统主要用来监测煤岩体声发射、瓦斯涌出量、工作面煤壁温度、红外发射、电磁发射等，并能实现煤与瓦斯突出预报。

（12）大型机电设备健康状况监控系统主要用来监测机械振动、油质量污染等，并能实现故障诊断。

◎ 知识加油站

使用移动端识别二维码，观看煤矿监测监控系统视频资源，了解我国煤矿安全监测监控系统的组成。

视频 煤矿安全监测监控系统的组成

知识点二 煤矿安全智能监测监控系统的特点

煤矿井下是一个特殊的工作环境，矿井监控系统不同于一般工业监控系统。与一般工业监控系统相比，它具有如下特点。

（1）电气防爆要求。一般工业监控系统均工作在非爆炸性环境中，而矿井监控系统工作在有瓦斯和煤尘爆炸危险的煤矿井下。因此，矿井监控系统的设备必须是防爆型电气设备，并且不同于化工、石油等爆炸性环境中的工厂用防爆型电气设备。

（2）传输距离远。一般工业监控对系统的传输距离要求不高，仅为几千米，甚至几百米，而矿井监控系统的传输距离至少要达到 10 km。

（3）网络结构宜采用树形结构。一般工业监控系统电缆敷设的自由度较大，可根据设备、电缆沟、电杆的位置选择星形、环形、树形、总线型等结构。而矿井监控系统的传输电缆必须沿巷道敷设，挂在巷道壁上。由于巷道为分支结构，并且分支长度可达数千米，因此，为便于系统安装维护、节约传输电缆、降低系统成本，宜采用树形结构。

（4）监控对象变化缓慢。矿井监控系统的监控对象主要为缓变量，因此，在同样监控容量下，对系统的传输速率要求不高。

（5）电网电压波动大，电磁干扰严重。由于煤矿井下空间小，采煤机、运输机等大型设备启停和架线电机车火花等造成电磁干扰严重。

（6）工作环境恶劣。煤矿井下除有甲烷、一氧化碳等易燃易爆气体外，还有硫化氢等腐蚀性气体，矿尘大、潮湿，有淋水、空间狭小。因此，矿井监控设备要有防尘、防潮、防腐、防霉、抗机械冲击等措施。

（7）传感器（或执行机构）宜采用远程供电。一般工业监控系统的电源供给比较容易，不受电气防爆要求的限制，矿井监控系统的电源供给受电气防爆要求的限制。由于传感器及执行机构往往设置在工作面等恶劣环境中，不宜就地供电，现有矿井监控系统多采用分站远距离供电。

（8）不宜采用中继器。煤矿井下工作环境恶劣，监控距离远，维护困难，若采用中继器延长系统传输距离，由于中继器是有源设备，故障率较无中继器系统高，并且在煤矿井下电源的供给受电气防爆的限制，在中继器处不一定好取电源，若采用远距离供电还需要增加供电芯线。因此，不宜采用中继器。

◎ 知识加油站

使用移动端识别二维码，观看井下巡检机器人的应用。

◎ 任务实施

视频 井下巡检机器人

【任务要求】

煤矿安全监控系统采用先进的传感器、监测设备和网络通信技术，实现了数据的采集、传输、处理和分析,可以实时监测煤矿生产环境的变化,并及时预警。请同学们梳理总结我国煤矿安全监测监控技术的类型及特点,并搜集不同类型的应用案例。根据引导问题逐步学习、研讨,最终以PPT形式汇报成果。

【任务计划与实施】

引导问题1:煤矿监测监控系统的类型有哪些?

引导问题2:在煤矿中监测监控系统起到的主要作用是什么?

引导问题3:请总结煤矿监测监控系统的应用特点。

◎ 思政小课堂

近年来,随着煤矿安全监控系统研究和应用的不断深入,煤矿安全监控系统逐步升级和完善,整体朝着智能化、数字化、网络化和集成化的方向发展。通过梳理煤矿安全监测监控技术的应用特点,培养青年学生孜孜不倦追求科学的坚韧品质,树立科技报国的信念。

◎ 任务考核

1.(多选题)煤矿安全监测监控系统按复用方式不同可分为( )。
A. 频分制　　　　B. 时分制　　　　C. 码分制　　　　D. 复合复用方式

2.(多选题)煤矿安全监测监控系统按采用的网络结构可分为( )和复合型。
A. 星形　　　　　B. 环形　　　　　C. 树形　　　　　D. 总线型

3.(多选题)煤矿安全监测监控系统按调制方式可分为( )。
A. 基带　　　　　B. 调幅　　　　　C. 调频　　　　　D. 调相等系统

4.(单选题)一般工业监控对系统的传输距离要求不高,仅为几千米,甚至几百米,而矿井监控系统的传输距离至少要达到( )km。

A. 7	B. 8	C. 9	D. 10

5.（判断题）矿井监控系统的设备必须是防爆型电气设备。（　　）

◎ 任务评价

根据考核内容，学生完成自我小结并进行自评打分，教师根据学生活动情况进行点评并完成教师打分，最后按学生自评分×40%＋教师评分×60%计算得分。

考核评价表

模块一	项目二 煤矿安全智能监测监控系统的组成与特点			
班级		姓名		
评价类别	考核内容	分数	学生自评分	教师评分
知识目标	掌握煤矿安全智能监测监控系统的分类	20		
	掌握煤矿安全智能监测监控系统的特点	20		
能力目标	能叙述煤矿安全智能监测监控系统特点	20		
	能辨识煤矿安全智能监测监控系统的分类	20		
素质目标	树立一丝不苟、精益求精的工作态度，培养具体问题具体分析的工作思路	20		
小计		100		

项目三　煤矿安全监测监控系统软件

◎ 学习目标

　　☞ 知识目标

（1）了解煤矿安全监测监控系统软件的功能特点。

（2）了解煤矿安全监测监控系统软件的测试要求。

（3）学习煤矿安全监测监控系统软件的设计流程。

　　☞ 能力目标

（1）能叙述煤矿监测监控系统软件的功能特点。

（2）能阐述煤矿监测监控系统软件的设计流程。

　　☞ 素质目标

树立责任意识,加强对煤矿监测监控先进技术的学习,培养学生的爱国主义情怀,促使学生为煤矿安全生产做出自己的贡献。

◎ 案例导入

2023 年,国能神东煤炭集团有限责任公司布尔台煤矿建成灾害综合预警监控系统。布尔台煤矿秉承矿井灾害"可防、可控、可治"的理念,以"灾害监测实时化,预测预报自动化,解危检验标准化"为目标,基于"多参量综合预警算法+实时数据采集+综合数据分析"技术,利用多种软硬件接口,构建全矿井统一、稳定和高效的灾害集控综合平台。该平台以煤矿灾害预测预报和防治为主线,对矿井灾害"分类、评价、解危、预警、检验、支护、管理"等主要环节,进行多因素全流程的数据采集、智能分析、措施优化,将矿井灾害事故预防向事先预警与预控方向发展,实现矿井灾害智能化决策。

◎ 知识链接

知识点一　监测监控系统软件概述

一、监测监控系统软件的特点

随着计算机技术的不断升级,特别是近年来计算机硬件和软件技术的长足发展,计算机的处理速度、存储能力和软件的功能、界面都在不断地更新。监控系统软件将这些技术优势引入煤矿安全监测监控系统,提高系统的处理能力、通用性、易操作性、与其他系统(如人员定位管理系统)的可接入性和互操作性。监控系统主要技术特点如下。

(1) 服务器端操作系统为 Windows 2000 Server 或 Windows Advance 2000 Server 上,保证软件运行在先进、可靠的操作系统平台上,大大提高了监控软件整体的可靠性和稳定性。

(2) 采用客户端、中间层、数据库服务器三层结构体系,软件升级、安装十分容易。

(3) 数据库采用微软数据库平台 SQL Server 2022,ADO + OLEDB 数据库接口,保证数据可靠稳定,数据查询速度快,具有多用户并发调度机制。KJ2000 所有数据均以数据库方式存储,数据管理、复制非常容易。

(4) 软件模块采用前后台方式,所有定义、数据查询均在前台,前台出现任何错误(如死机)均不会影响后台数据采集、控制、存储,保证软件核心模块运行的稳定性。

(5) 支持双串口同步巡检,最大巡检周期≤30 s。

(6) 显示页及每页静、动态图元数量不受限制。

(7) 显示曲线支持动态增删显示方式,支持 32 条曲线同时显示,具有十字架、局部放大功能。

(8) 数据可导入 Excel 表格,由用户自己做二次处理。

(9) 存储时间:实时数据,1 个月;运行报告,3 个月;趋势报告,1 年。

(10) 具有外接其他子系统的扩展能力。

二、安全监测监控系统性能测试

矿井安全监测监控系统能否起到应有的作用,与这套系统在使用过程中的性能有很大关系。由于监测监控系统构成的复杂性，所以对其性能必须有足够的了解。《煤矿监控系统主要性能测试方法》（MT/T 772—1998）给出了主要性能测试方法，简要介绍如下。

（一）试验条件

1. 环境条件

除环境试验或有关标准中另有规定外，试验应在下列环境条件中进行：

①环境温度：15~35 ℃；

②相对湿度：45%~75%；

③大气压力：86~106 kPa。

2. 电源条件

除非有关标准另有规定，测试用电源应符合以下要求。

（1）交流供电电源：

①电压：误差应不大于 2%；

②频率：50 Hz，误差应不大于 1%；

③谐波失真系数：应不大于 5%。

（2）直流供电电源：

①电压：误差应不大于 2%；

②周期与随机偏移：$\Delta U/U_o$ 应不大于 0.1%，其中，ΔU 为周期与随机偏移的峰到峰值；U_o 为直流供电电压的额定值。

（二）测试仪器和设备

测试仪器和设备一般有以下要求。

（1）测试仪器和设备的精确度应保证所测性能的精确度要求，其自身精确度至少应比被测指标高 3 倍。

（2）测试仪器和设备的性能应符合所测性能的特性。

（3）测试仪器和设备应按照计量法的有关规定进行计量检定，并校准合格。

（4）测试仪器和设备的配置应不影响测量结果。

（三）受试系统的要求

（1）现场检验时，按实际配置的系统进行检验。

（2）进行出厂检验和型式检验时，系统测试至少应具备下列设备：

①中心站或主站设备一套，一般包括主机（含显示器）、打印机等设备（双机系统可根据具体情况适当增加设备）；

②传输接口 1 台（系统中若需要）；

③分站：全部分站；

④每种本安电源最大组合负载的各种传感器及其他设备；对安全生产监控系统，若每种本安电源最大组合负载不含甲烷传感器，还应提供一组含甲烷传感器的组合负载；

⑤构成系统的其他必要设备。

（3）受试系统中的设备必须是出厂检验和型式检验合格的产品。

（四）测试准备

（1）被试系统构成结构不同，要求有不同的连接。例如，树形系统按图 1-3 连接设备，N 为参与试验的实际分站数。

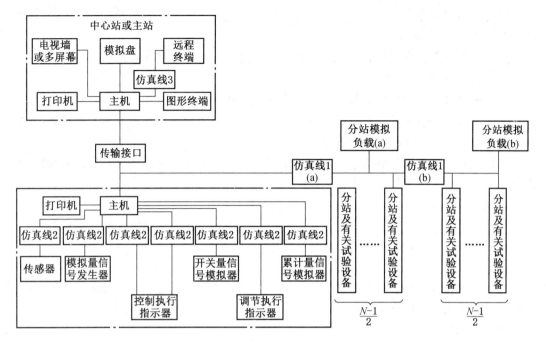

图 1-3 树形监控系统测试连接图

（2）系统试验前，应按规定做好运行前的各种准备，包括系统预调工作和系统中设备的预热工作。

（3）被试系统所用的仪器及辅助设备（如电源等）在测试中应正常工作。

（五）系统运行检查

（1）试验系统按"测试准备"中的要求进行连接。

（2）执行一遍检查程序后，系统应能按规定正常运行，正确反映系统内各组成部分的状态。

（3）检查程序应符合以下规定：

①应及时给出运行正常的信息和正在受检部位的工作状态信息；

②应能检查系统各硬件组成部分正常与否；

③能检查通信状况；

④对所检查的结果提供清晰的显示、打印和硬盘记录。

（六）系统功能试验

系统功能试验内容较多，从系统的设备层开始，一直到管理层，各层设备的重要功能都要进行试验。

1. 试验系统的连接

试验系统按"测试准备"中的要求进行连接。

2. 模拟量采集、显示及报警功能试验

（1）改变传感器、模拟量发生器的模拟量输出值，在规定时间内，主机、模拟盘、图形终端、电视墙、多屏幕和远程终端等显示设备（以下简称显示设备）上应显示相应的数据，该数据应与模拟量发生器输出值相符，其误差符合要求。

（2）制造模拟量超限或异常故障，系统应有相应的声光报警，报警信号方式及响度应符合规定。

（3）撤销超限或异常故障，相应的声光报警按各自产品标准规定的形式解除。

3. 开关量采集、显示及报警功能试验

（1）改变开关量模拟器的输出状态，在规定时间内，显示设备上应显示相应的状态。

（2）制造开关量故障状态或异常状态，在显示设备上应有相应的显示，并伴有声光报警，报警信号方式及响度应符合规定。

（3）撤销故障状态或异常状态，相应的显示以及声光报警均按各自产品标准规定的形式解除。

4. 累计量采集、显示功能试验

给出一串累计量信号，在规定时间内，显示设备上应显示出相应的数值。该数值应与输入的一串累计量信号相符，其误差符合要求。

5. 控制功能（含断电、声光报警功能）试验

（1）手动控制功能：在规定的输入设备上进行控制操作，在规定时间内，控制执行显示器有相应显示，系统有相应的显示。

（2）自动控制功能：使系统输出控制信号的模拟量输入值和开关量状态，在规定时间内，按要求被控的就地和异地控制执行显示器有相应的显示，系统应有相应的显示和报警。

（3）其他控制功能：按各自产品标准的规定逐项进行试验。

6. 调节功能试验

（1）手动调节功能：在规定的输入设备上进行遥调量的操作，在规定的调节执行指示器上应显示相应的数值。该数值应与设置的调节量所代表的数值相一致，系统应有相应的显示。

（2）自动调节功能：改变相应的模拟量输入值，在相应的调节执行指示器上应显示出相应的数值。该数值应与设置的调节量所代表的数值相一致，系统应有相应的显示。

（3）其他调节功能：按各自产品标准的规定逐项进行试验。

◎ 知识加油站

使用移动端识别二维码，观看梅安森公司矿井三维综合集成管理系统介绍，体会监测监控带给采矿业的安全保障。

视频 梅安林公司矿井三维综合集成管理系统

知识点二 监测监控系统软件设计

在监测监控系统中，除了硬件（计算机、传感器、执行机构等），软件也是一个非常重要的部分。系统主要功能将依赖于软件来实现，对同一个硬件电路，配以不同的软件，它所实现的功能也不同，而且有些硬件电路功能可以用软件来实现，软件研制的工作量往往大于硬件。可以认为，监测监控系统的设计在很大程度上依赖于软件设计。

一、系统应用软件的要求

（一）实时性

监测监控系统是实时测控系统，即能够在被控对象允许的时间间隔内完成对系统的控

制、计算和处理等任务，为此，除在硬件上采取必要的措施外，还应在软件设计上加以考虑，提高软件的响应和处理速度。为了提高软件的实时性，可以从以下几个方面考虑：对于应用软件中实时性要求高的部分，可以使用汇编语言；运用编程技巧提高处理速度；对于那些需要随机间断处理的任务可采用中断系统来完成；在满足要求的前提下，应尽量降低采样频率，以减轻整个系统的负担。

（二）灵活性和通用性

为了节省内存、便于修改和适应不同系统要求，通常要求应用程序有一定的灵活性和通用性。在进行软件设计时要做到以下几点：程序的模块化设计和结构化设计；尽量将共用的程序编写成子程序；要求系统容量的可扩展性和系统功能的可扩充性。

（三）可靠性和容错性

计算机测控系统的可靠性不仅取决于硬件可靠性，还取决于软件可靠性。为确保软件可靠性，可从下面几个方面考虑：在软件设计中采用模块化的结构，有利于排错；设置检测与诊断程序，实现对系统硬件与软件检查，发现错误及时处理；采用冗余设计技术等。

（四）有效性和针对性

由于应用程序是针对一个具体系统，因此应根据具体系统的要求和特性来设计，选用合适的数据采集方式、数据处理方式控制算法等；并在设计中充分利用系统资源，简化软件设计，提高软件运行效率。

（五）可维护性

设计的软件应该易于检查、测试、校正、维护，便于理解、改进。为此，在软件编制设计中，应使程序具有良好的程序结构，并加入适当的注释，以便阅读和理解源程序。

（六）多任务性和多线程性

现代控制和管理软件所面临的工业应用对象不再是单一任务或线程，而是复杂的多任务系统。为适应这种要求，软件特别是低层的系统软件必须具有此特性，如多任务实时操作系统的研究和应用等。

另外，集成化、智能化、多媒体化、网络化是监测监控系统软件技术发展提出的新要求，完备的软件文档资料对于软件的维护也非常重要。

二、应用软件的功能模块

目前，监测监控系统中软件除控制生产过程之外，还对生产过程实现管理。根据软件的功能，一个监测监控系统应用软件应包含数据采集及处理模块、控制模块、监控报警模块、故障处理模块、系统管理模块、数据管理模块、人机交互模块、数据通信模块几个主要模块。

（一）数据采集及处理模块

实时数据采集程序，主要是完成多路信号（包括模拟量、开关量、数字量和脉冲量）的采样、输入变换、存储等；数据处理程序，包括数字滤波程序，用来滤除干扰造成的错误数据或不宜使用的数据；线性化处理程序，可以对检测元件或变送器的非线性进行软件补偿；标度变换程序，把采集到的数字量转换成操作人员所熟悉的工程量；数字信号采集与处理程序，对数字输入信号进行采集及码制之间的转换；脉冲信号处理程序，对输入的脉冲信号进行电平高低判断和计数；开关信号处理程序，判断开关信号输入状态的变化情况，如果发生变化，则执行相应的处理程序；数据可靠性检查程序，用来检查是可靠输入数据还是故障数据。

（二）控制模块

监测监控系统的控制功能是实现系统自动化的手段。控制算法程序是系统中的一个核心程序模块，主要实现所选控制规律的计算，产生对应的控制量。它主要实现对系统的调节和控制，可根据各种各样的控制算法和千差万别的被控对象的具体情况来编写。

控制程序的主要目标是满足系统的性能指标，常用的有数字式 PID 调节控制程序、最优控制算法程序、顺序控制及插补运算程序等；还有运行参数设置程序，对控制系统的运行参数进行设置。运行参数有采样通道号、采样点数、采样周期、信号量程范围、放大器增益系数、工程单位等。

控制软件具有控制设定、控制判断和控制输出 3 个作用。

1. 控制设定

控制设定首先选定与控制相关的测点，设置实施控制的参量值或门限值，再设定执行这一控制的输出点，即在某分站控制某个输出口；同时确定输出执行的反馈信息，即控制输出口的状态。如果是调节控制，除了应设计算法程序，还要确定输入量、控制量和反馈量，以及相应的输入、输出信号测点或端口。

2. 控制判断

对检测量不断进行比较，达到控制门限并满足控制条件和可靠性要求，即可发出控制指令，输出控制信号。对于较复杂的调节控制，则不断地计算调控对象的状态、反馈量，得到最佳的输出调节量，同时注意是否达到保护界限值。控制的运行过程是实时的，软件的实时特性应当满足控制对象的实际运行要求，否则将不能获得满意的调控效果。

3. 控制输出

按控制指令将执行信息由地面传输给相应的分站，并在指定的输出口动作。一般瓦斯断电控制在分站输出 TTL 信号或断电的接点信号，通过中间继电器使供电开关跳闸，切断电源。对于调节控制，则将执行信息输出给指定的执行器，令其动作，达到调节目的，如控制步进电动机调节阀门开口的大小，达到预定压力或流量的控制。

（三）监控报警模块

报警功能是煤矿安全监测监控系统的重要功能之一，主要用于井下瓦斯超限或火灾等紧急情况、通风异常、生产设备或环节异常、监控设备故障时，由报警控制器发出的控制信号启动报警电路，实现报警目的，确保生产安全。

报警功能包括报警设定、报警判别和报警信息输出 3 个方面。

1. 报警设定

报警设定是指对某测点或某些测点的报警预定值或预定状态进行设定。煤炭行业要求井下甲烷浓度达到 1.0% 即应报警，一氧化碳浓度达到 2.4×10^{-5} 即应报警。对故障和某些开关量状态，如风门开/关，则按开关量状态设置。对相关测点可以设置关联报警。

2. 报警判别

根据控制策略，计算机判断是否超出工艺参数的范围。目前采用的判别模型均为门限判别，达到某一预定值或预定状态，即发出报警信息指令，启动报警程序。为了更准确地报警,已经逐步研究开发趋势报警模型、连锁报警模型等。

3. 报警信息输出

报警信息输出方式一般采用弹出窗口的方式,以颜色或闪烁显示报警信息,还可伴随声光报警等,如果超越了限定值,由计算机或操作人员采取相应的措施,实时地对执行机构发出控制信号,完成控制。

(四) 故障处理模块

监测监控系统必须具有自诊断功能,包括对系统硬件故障和软件故障的自检。因此,故障处理功能是指进行系统自检、故障分析判断和故障显示与记录。

许多硬件故障是由分站的单片机自检发现的,并向中心站传达故障情况信息;中心站处理这些信息,并发出故障报警,显示或打印出故障情况。

对于系统软件的故障,要设计各类软件故障或出错的检查程序,如进行数据校核检查、功能执行检查、控制指令执行检查,以及操作系统运行中的各种出错或故障检查。

故障的处理有几种情况:①系统照常运行,提示故障;②系统运行暂停,提示故障,处理后继续运行;③系统停止运行,提示故障,排除后重新启动系统。需要指出的是,并不是所有的故障都可以自检发现,有些故障的提示可能是笼统的范围,难以判断故障的原因。

(五) 系统管理模块

首先用来将各个功能模块程序组织成一个程序系统,并管理和调用各个功能模块程序;其次用来管理数据文件的存储和输出。系统管理程序一般以文字菜单和图形菜单的人机界面技术来组织、管理和运行。

(六) 数据管理模块

数据管理程序用于生产管理部分,主要包括变化趋势分析、报警记录、统计报表、打印输出、数据操作、生产调度及库存管理等程序。

(七) 人机交互模块

系统软件必须具有人机对话功能,以便系统生成、参数修改、功能调用、控制命令输入等。人机交互模块分为人机对话程序和画面显示程序两部分。人机对话程序包括显示、键盘、指示等程序,画面显示程序包括用图、表及曲线在 CRT 屏幕上形象地反映生产状况的远程监控程序等。

(八) 数据通信模块

数据通信程序是用于完成计算机与计算机之间、计算机与智能设备之间的信息传递与交换。它的主要功能有:设置数据传送的波特率(速率),上位机向数据采集站发送机号,上位机接收和判断数据采集站发回的机号,命令相应的数据采集站传送数据,上位机接收数据采集站传送来的数据。

三、应用软件的设计流程

(一) 程序说明

根据确定待开发软件的功能、性能、数据、界面等要求,对系统任务进行描述,列出系统的各个部分与软件设计有关的特点,编写程序说明文档,作为软件设计的依据。其中一个重要的工作是绘制程序流程图,首先根据系统的要求绘制功能流程图,然后随着对系统各细节认识的加深，逐步对功能流程图进行补充和修改，使其逐渐趋于完善，并转换为程序流程图。

（二）程序设计

程序设计是制定程序的纲要，即确定软件的结构，进行模块划分，确定每个模块的功能和模块间的接口，以及全局数据结构的设计，并对每个模块实现的细节和局部数据结构进行设计。所有设计中的考虑都应以设计说明书的形式加以描述，以供后续工作使用。

（三）软件编码

软件编码就是将程序流程图中的一系列操作，编译成计算机能够接受的具体程序。编写程序可用机器语言、汇编语言或各种高级语言。究竟采用何种语言则由程序长度、系统的实时性要求及所具备的研制工具而定。在复杂的系统软件中，一般采用高级语言。

对于规模不大的应用软件，大多用汇编语言来编写，因为从减少存储容量、降低器件成本和节省机器时间的观点来看，这样做比较合适。

在编码过程中还必须进行优化工作，即仔细推敲，合理安排，利用各种程序设计技巧使编出的程序所占内存空间较小，且执行时间短，这样写出的程序结构良好、清晰易读，且与设计相一致。

（四）查错和测试

查错和测试是保证软件质量的重要手段，是系统软件设计中很关键的一步。查错是让程序去执行设计规定它应该完成的任务，用以发现编程中出现的错误；测试是用来校验程序是否正确地执行了总的系统任务。由于系统应用软件通常都要固化在只读存储器中，所以程序在固化之前必须进行查错和测试。

（五）文档编制

一个完整的应用软件文档，一般应包括流程图、程序的功能说明、所有参量的定义清单、存储器的分配图、完整的程序清单和注释、测试计划和测试结果说明。文档编制工作贯穿着软件研制的全过程，它不仅有助于设计者进行查错和测试，而且对程序的使用、维护和扩充也是必不可少的。

（六）软件维护

软件维护是指对软件的修复、改进和扩充。当软件投入现场运行后，一方面可能会发生各种现场问题，因而需要进一步对软件进行改进和完善；另一方面，用户往往会由于环境或技术业务的变化，提出比原计划更多的要求，因而需要对原来的应用软件进行修改或扩充，以适应情况变化的需要。

◎ 知识加油站

使用移动端识别二维码，观看煤矿智能开采集控中心的应用。

◎ 任务实施

视频 煤矿智能开采集控中心

【任务要求】

煤矿安全监测监控软件作为煤矿安全监测监控系统的重要支撑，软件性能的完备直接关乎系统功能的有效发挥。请同学们搜索我国煤矿安全监测监控软件的种类，分析不同型号软件的功能。根据引导问题逐步学习、研讨，最终以 PPT 形式汇报成果。

【任务计划与实施】

引导问题1：监测监控软件的特点是什么？

引导问题2：监测监控软件系统功能测试包含哪些方面？

引导问题3：请总结出监测监控软件的开发设计流程。

◎ 思政小课堂

近几年，国家通过建设全国矿山安全风险监测预警信息化系统，不断扩大矿山安全感知数据覆盖面，大力推进风险监测预警和核查处置。通过学习煤矿监测监控软件的功能特点及开发设计，养成认真钻研、兢兢业业的工作态度，树立科技报国的家国情怀。

◎ 任务考核

1. （多选题）安全监测监控系统性能测试的环境要求是（　　）。
   A. 环境温度：15~35 ℃　　　　　　　B. 相对湿度：45%~75%
   C. 大气压力：86~106 kPa　　　　　　D. 风速：1~3 m/s

2. （多选题）监测监控系统的控制功能（含断电、声光报警功能）试验包含（　　）部分。
   A. 手动控制功能　　　　　　　　　　B. 自动控制功能
   C. 闭锁控制功能　　　　　　　　　　D. 其他控制功能

3. （多选题）测控系统对应用软件的要求包括（　　）。
   A. 实时性　　　　　　　　　　　　　B. 灵活性和通用性
   C. 可靠性和容错性　　　　　　　　　D. 有效性和针对性

4. （单选题）监控系统的（　　）功能是实现系统自动化的手段。
   A. 数据采集　　　　　　　　　　　　B. 控制

C. 监控报警　　　　　　　　　　　　D. 故障处理

5. （判断题）监控系统必须具有自诊断功能，包括对系统硬件故障和软件故障自检。
（　　）

◎ 任务评价

根据考核内容，学生完成自我小结并进行自评打分，教师根据学生活动情况进行点评并完成教师打分，最后按学生自评分×40%＋教师评分×60%计算得分。

考 核 评 价 表

模块一	项目三　煤矿安全监测监控系统软件			
班级		姓名		
评价类别	考核内容	分数	学生自评分	教师评分
知识目标	了解煤矿安全监测监控系统软件的功能特点	20		
	了解煤矿安全监测监控系统软件的测试要求	15		
	学习煤矿安全监测监控系统软件的设计流程	15		
能力目标	能叙述煤矿监测监控系统软件的功能特点	15		
	能阐述煤矿监测监控系统软件的设计流程	15		
素质目标	树立责任意识，加强对煤矿监测监控先进技术的学习；培养学生的爱国主义情怀，促使学生为煤矿安全生产做出自己的贡献	20		
	小计	100		

模块二 煤矿安全监测监控系统行业标准

◎ **模块说明**

煤矿安全监测监控系统相关国家标准和行业标准主要包括《煤炭工业矿井监测监控系统装备配置标准》(GB 50581—2020)、《煤矿安全监控系统及检测仪器使用管理规范》(AQ 1029—2019)、《煤矿安全监控系统通用技术要求》(AQ 6201—2019)、《煤炭工业智能化矿井设计标准》(GB/T 51272—2018)、《煤矿安全生产智能监控系统设计规范》(GB 51024—2014)等,本模块主要介绍《煤矿安全监控系统及检测仪器使用管理规范》(AQ 1029—2019)、《煤矿安全监控系统通用技术要求》(AQ 6201—2019)。

项目一 煤矿安全监控系统及检测仪器使用管理规范

◎ **学习目标**

☞ 知识目标
(1) 熟悉煤矿安全监测监控系统及检测仪器使用管理规范。
(2) 熟悉甲烷传感器及其他传感器布置。

☞ 能力目标
(1) 能叙述煤矿安全监测监控系统安装的一般要求。
(2) 能叙述煤矿安全监测监控系统设计和安装注意事项。
(3) 能针对不同采掘工作生产系统布置甲烷传感器及其他传感器。
(4) 能掌握煤矿安全监测监控系统使用及维护要点。
(5) 能叙述煤矿安全监测监控系统信息处理的基本要求。

☞ 素质目标
培养严谨仔细的工作态度,在作业岗位中树立安全第一、预防为主的安全思想。

◎ **案例导入**

2021年12月28日14点33分,某矿井11101采煤工作面进风巷甲烷传感器发生甲烷报警,甲烷浓度最高值为1.08%,持续时间7 min。传感器报警后调度员李某某立即通知井下11101采煤工作面所有人员撤出,并通知现场瓦检员梁某某查看现场瓦斯情况;同时,向矿值班矿长郭某某及安全矿长程某某汇报了情况。现场打钻工郭某某到现场查看后汇报:8点班刚打15-20杆钻孔(节长0.75 m),在打钻过程中没有发生异常情况,探头在打钻的对帮吊挂;瓦检员梁某某在现场检测甲烷浓度最高值0.06%,未发现异常情况;监测工梁某某对11101采煤工作面进风巷甲烷传感器进行检查,发现插头有松动、接触不良现象;经过对11101采煤工作面甲烷传感器、上隅角甲烷传感器、回风巷甲烷传感器对比分析,均在此时间段未发生甲烷浓度增大现象。传感器报警应属于误报警。

◎ 知识链接

知识点一　煤矿安全监控系统一般要求

（1）矿井应装备煤矿安全监控系统。

（2）煤矿安全监控系统应24 h连续运行。

（3）煤矿安全监控系统及设备应符合《煤矿安全监控系统通用技术要求》（AQ6201）的规定。传感器稳定性应不小于15d。采掘工作面气体类传感器防护等级不低于IP65，其余不低于IP54。突出矿井在采煤工作面进、回风巷，煤巷、半煤岩巷和有瓦斯涌出的岩巷掘进工作面回风流中，采区回风巷、总回风巷设置的甲烷传感器必须是全量程或者高低浓度甲烷传感器，宜采用激光原理甲烷传感器。

（4）煤矿安全监控系统传感器的数据或状态应传输到地面主机。

（5）煤矿应按矿用产品安全标志证书规定的型号、安全标志编号选择监控系统的传感器、断电控制器等关联设备。

（6）煤矿安全监控系统应支持多网、多系统融合，实现井下有线和无线传输网络的有机融合。煤矿安全监控系统应与上一级管理部门联网。

（7）矿长、矿技术负责人、爆破工、采掘区队长、通风区队长、工程技术人员、班长、流动电钳工、安全监测工下井时，应携带便携式甲烷检测报警仪或甲烷检测报警矿灯。瓦斯检查工下井时应携带便携式甲烷检测报警仪和光学甲烷检测仪。

（8）煤矿采掘工、打眼工、在回风流工作的工人下井时宜携带甲烷检测报警矿灯。

（9）煤矿安全监控系统应具有伪数据标注及异常数据分析，瓦斯涌出、火灾等的预测预警，多系统融合条件下的综合数据分析，可与煤矿安全监控系统检查分析工具对接数据等大数据分析与应用功能。

（10）煤矿安全监控系统应具有在瓦斯超限、断电等需立即撤人的紧急情况下，可自动与应急广播、通信、人员位置监测等系统应急联动的功能。

知识点二　煤矿安全监控的设计和安装

（1）煤矿编制采区设计、采掘作业规程和安全技术措施时，应对安全监控设备的种类、数量和位置，信号线缆和电源电缆的敷设，断电区域等作出明确规定，并绘制布置图和断电控制图。煤矿安全监控系统设备布置图应以矿井通风系统图为底图，断电控制图应以矿井供电系统图为底图。

（2）煤矿安全监控系统主干线缆应当分设两条，从不同的井筒或者一个井筒保持一定间距的不同位置进入井下。安全监控系统不得与图像监视系统共用同一芯光纤。系统应具有防雷电保护，入井线缆的入井口处和中心站电源输入端应具有防雷措施。

（3）井下分站应设置在便于人员观察、调试、检验及支护良好、无滴水、无杂物的进风巷道或硐室中，安设时应垫支架，或吊挂在巷道中，使其距巷道底板不小于300 mm。

（4）隔爆兼本质安全型防爆电源设置在采区变电所，不得设置在断电范围内；低瓦斯和高瓦斯矿井的采煤工作面和回风巷内；煤与瓦斯突出煤层的采煤工作面、进风巷和回风巷；掘进工作面内；采用串联通风的被串采煤工作面、进风巷和回风巷；采用串联通风的被串掘进巷道内。

（5）安全监控设备的供电电源不得接在被控开关的负荷侧。

（6）安装断电控制时，应根据断电范围要求，提供断电条件，并接通井下电源及控制线。断电控制器与被控开关之间应正确接线，具体方法由煤矿主要技术负责人审定。

（7）与安全监控设备关联的电气设备、电源线和控制线在改线或拆除时，应与安全监控管理部门共同处理。检修与安全监控设备关联的电气设备，需要监控设备停止运行时，应经矿主要负责人或主要技术负责人同意，并制定安全措施后方可进行。

（8）模拟量传感器应设置在能正确反映被测物理量的位置。开关量传感器应设置在能正确反映被监测状态的位置。声光报警器应设置在经常有人工作便于观察的地点。

知识点三 甲烷传感器的设置

一、通用要求

甲烷传感器应垂直悬挂，距顶板（顶梁、屋顶）不得大于 300 mm，距巷道侧壁（墙壁）不得小于 200 mm，并应安装维护方便，不影响行人和行车。

甲烷传感器的报警浓度、断电浓度、复电浓度和断电范围应符合表 2-1 的规定。

表 2-1 甲烷传感器的报警浓度、断电浓度、复电浓度和断电范围

设置地点	甲烷传感器编号	报警浓度/%	断电浓度/%	复电浓度/%	断电范围
采煤工作面回风隅角	T_0	≥1.0	≥1.5	<1.0	工作面及其回风巷内全部非本质安全型电气设备
低瓦斯和高瓦斯矿井的采煤工作面	T_1	≥1.0	≥1.5	<1.0	工作面及其回风巷内全部非本质安全型电气设备
突出矿井采煤工作面进风巷	T_3、T_4	≥0.5	≥0.5	<0.5	工作面及其进、回风巷内全部非本质安全型电气设备
采用串联通风的被串采煤工作面进风巷	T_4	≥0.5	≥0.5	<0.5	被串采煤工作面及其进、回风巷内全部非本质安全型电气设备
高瓦斯、突出矿井采煤工作面回风巷中部		≥1.0	≥1.0	<1.0	工作面及其回风巷内全部非本质安全型电气设备
采煤机		≥1.0	≥1.5	<1.0	采煤机电源
煤巷、半煤岩巷和有瓦斯涌出岩巷的掘进工作面	T_1	≥1.0	≥1.5	<1.0	掘进巷道内全部非本质安全型电气设备
煤巷、半煤岩巷和有瓦斯涌出的岩巷掘进工作面回风流中	T_2	≥1.0	≥1.0	<1.0	掘进巷道内全部非本质安全型电气设备

表 2-1(续)

设置地点	甲烷传感器编号	报警浓度/%	断电浓度/%	复电浓度/%	断电范围
突出矿井的煤巷、半煤岩巷和有瓦斯涌出岩巷的掘进工作面的进风分风口处	T₄	≥0.5	≥0.5	<0.5	掘进巷道内全部非本质安全型电气设备
采用串联通风的被串掘进工作面局部通风机前	T₃	≥0.5	≥0.5	<0.5	被串掘进巷道内全部非本质安全型电气设备
		≥0.5	≥1.5	<0.5	被串掘进工作面局部通风机
高瓦斯矿井双巷掘进工作面混合回风流处		≥1.0	≥1.0	<1.0	除全风压供风的进风巷外,双掘进巷道内全部非本质安全型电设备
高瓦斯和突出矿井掘进巷道中部		≥1.0	≥1.0	<1.0	掘进巷道内全部非本质安全型电气设备
掘进机、连续采煤机、锚杆钻车、梭车		≥1.0	≥1.5	<1.0	掘进机、连续采煤机、锚杆钻车、梭车电源
采区回风巷		≥1.0	≥1.0	<1.0	采区回风巷内全部非本质安全型电气设备
一翼回风巷及总回风巷		≥0.75	—	—	
使用架线电机车的主要运输巷道内装煤点处		≥0.5	≥0.5	<0.5	装煤点处上风流 100 m 内及其下风流的架空线电源和全部非本质安全型电气设备
矿用防爆型蓄电池电机车		≥0.5	≥0.5	<0.5	机车电源
矿用防爆型柴油机车、无轨胶轮车		≥0.5	≥0.5	<0.5	车辆动力
井下煤仓		≥1.5	≥1.5	<1.5	煤仓附近的各类运输设备及其他非本质安全型电气设备
封闭的带式输送机地面走廊内,带式输送机滚筒上方		≥1.5	≥1.5	<1.5	带式输送机地面走廊内全部非本质安全型电气设备
地面瓦斯抽采泵房内		≥0.5			
井下临时瓦斯抽采泵站下风侧栅栏外		≥1.0	≥1.0	<1.0	瓦斯抽采泵站电源

二、采煤工作面甲烷传感器的设置

（1）长壁采煤工作面甲烷传感器应按图2-1设置。U形通风方式在回风隅角设置甲烷传感器 T_0（距切顶线≤1 m），工作面设置甲烷传感器 T_1，工作面回风巷设置甲烷传感器 T_2；煤与瓦斯突出矿井在进风巷设置甲烷传感器 T_3 和 T_4；采用串联通风时，被串工作面的进风巷设置甲烷传感器 T_4。Z形、Y形、H形和W形通风方式的采煤工作面甲烷传感器的设置参照上述规定执行。

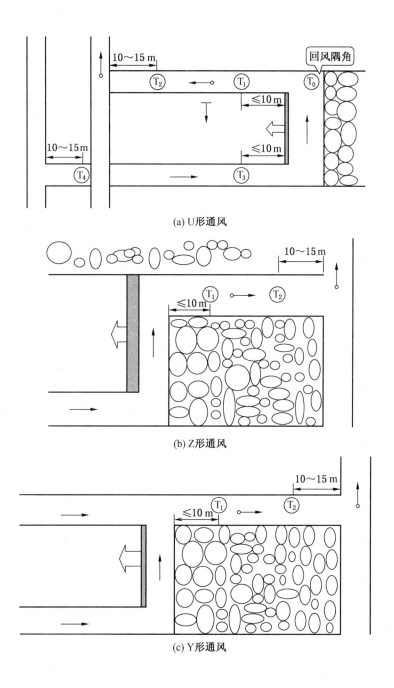

(a) U形通风

(b) Z形通风

(c) Y形通风

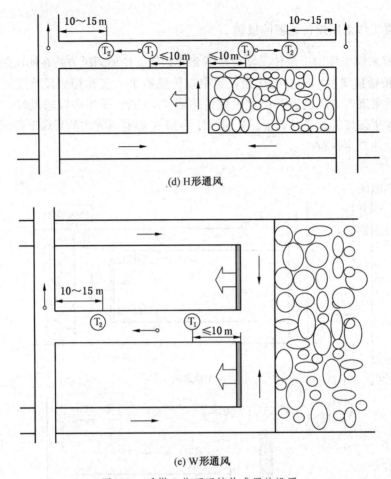

图 2-1 采煤工作面甲烷传感器的设置

（2）采用两条巷道回风的采煤工作面甲烷传感器应按图 2-2 设置甲烷传感器，T_0、T_1 和 T_2 的设置同图 2-1a；在第二条回风巷设置甲烷传感器 T_5、T_6。采用三条巷道回风的采煤工作面，第三条回风巷甲烷传感器的设置与第二条回风巷甲烷传感器 T_5、T_6 的设置相同。

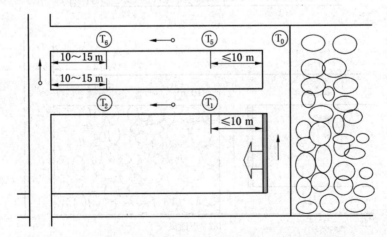

图 2-2 采用两条巷道回风的采煤工作面甲烷传感器的设置

（3）高瓦斯和煤与瓦斯突出矿井采煤工作面的回风巷长度大于 1000 m 时，应在回风巷中部增设甲烷传感器。

（4）采煤机应设置机载式甲烷断电仪或便携式甲烷检测报警仪。

（5）非长壁式采煤工作面甲烷传感器的设置参照上述规定执行，即在回风隅角设置甲烷传感器 T_0，在工作面及其回风巷各设置一个甲烷传感器。

三、掘进工作面甲烷传感器的设置

（1）煤巷、半煤岩巷和有瓦斯涌出岩巷的掘进工作面甲烷传感器应按图 2-3 设置，并实现甲烷风电闭锁。在工作面混合风流处设置甲烷传感器 T_1，在工作面回风流中设置甲烷传感器 T_2；采用串联通风的掘进工作面，应在被串工作面局部通风机前设置掘进工作面进风流甲烷传感器 T_3；煤与瓦斯突出矿井掘进工作面的进风分风口处设置甲烷传感器 T_4。

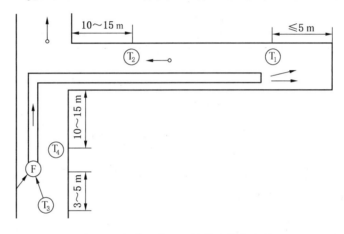

图 2-3 掘进工作面甲烷传感器的设置

（2）高瓦斯和煤与瓦斯突出矿井双巷掘进工作面甲烷传感器应按图 2-4 设置。甲烷传感器 T_1 和 T_2 的设置同图 2-3；在工作面混合回风流处设置甲烷传感器 T_3。

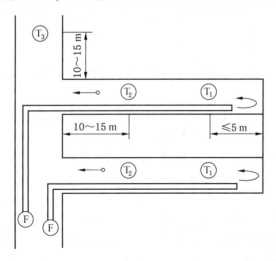

图 2-4 双巷掘进工作面甲烷传感器的设置

(3) 高瓦斯和煤与瓦斯突出矿井的掘进工作面长度大于 1000 m 时，应在掘进巷道中部增设甲烷传感器。

(4) 掘进机、掘锚一体机、连续采煤机、梭车、锚杆钻车、钻机应设置机载式甲烷断电仪或便携式甲烷检测报警仪。

四、其他地点甲烷传感器的设置

(1) 采区回风巷、一翼回风巷、总回风巷测风站应设置甲烷传感器。

(2) 使用架线电机车的主要运输巷道内，装煤点处应设置甲烷传感器，如图 2-5 所示。

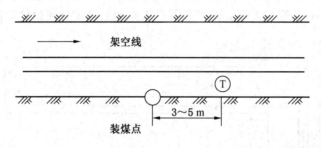

图 2-5 装煤点甲烷传感器的设置

(3) 高瓦斯矿井进风的主要运输巷道使用架线电机车时，在瓦斯涌出巷道的下风流中必须设置甲烷传感器，如图 2-6 所示。

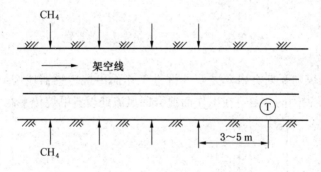

图 2-6 瓦斯涌出巷道的下风流中甲烷传感器的设置

(4) 矿用防爆型蓄电池电机车应设置车载式甲烷断电仪或便携式甲烷检测报警仪；矿用防爆型柴油机车和胶轮车应设置便携式甲烷检测报警仪。

(5) 兼作回风井的装有带式输送机的井筒内必须设置甲烷传感器。

(6) 采区回风巷、一翼回风巷及总回风巷道内临时施工的电气设备上风侧 10~15 m 处应设置甲烷传感器。

(7) 井下煤仓、地面选煤厂煤仓上方应设置甲烷传感器。

(8) 封闭的地面选煤厂车间内上方应设置甲烷传感器。

(9) 封闭的带式输送机地面走廊上方应设置甲烷传感器。

（10）瓦斯抽采泵站应设置甲烷传感器：①地面瓦斯抽采泵房内应设置甲烷传感器；②井下临时瓦斯抽采泵站下风侧栅栏外应设置甲烷传感器；③抽采泵输入管路中应设置甲烷传感器；利用瓦斯时，应在输出管路中设置甲烷传感器；不利用瓦斯、采用干式抽采瓦斯设备时，输出管路中也应设置甲烷传感器。

◎ 知识加油站

使用移动端识别二维码，查看井下甲烷传感器的安装要求。

视频 甲烷传感器安设要求

知识点四　其他传感器的设置

一、一氧化碳传感器的设置

（1）一氧化碳传感器应垂直悬挂，距顶板（顶梁）不得大于 300 mm，距巷壁不得小于 200 mm，并应安装维护方便，不影响行人和行车。

（2）开采容易自燃、自燃煤层的采煤工作面应至少设置一个一氧化碳传感器，地点可设置在回风隅角（距切顶线 0~1 m）、工作面或工作面回风巷，一氧化碳传感器报警浓度为≥0.0024%。

（3）带式输送机滚筒下风侧 10~15 m 处宜设置一氧化碳传感器，一氧化碳传感器报警浓度≥0.0024%。

（4）自然发火观测点、封闭火区防火墙栅栏外应设置一氧化碳传感器，一氧化碳传感器报警浓度≥0.0024%。

（5）开采容易自燃、自燃煤层的矿井采区回风巷、一翼回风巷、总回风巷应设置一氧化碳传感器，一氧化碳传感器报警浓度≥0.0024%。

二、风速传感器的设置

采区回风巷、一翼回风巷、总回风巷的测风站应设置风速传感器，突出煤层采煤工作面回风巷和掘进巷道回风流中应设置风速传感器。风速传感器应设置在巷道前后 10 m 内无分支风流、无拐弯、无障碍、断面无变化、能准确计算风量的地点。当风速低于或超过《煤矿安全规程》的规定值时，应发出声光报警信号。

三、风压传感器的设置

主要通风机的风筒内应设置风压传感器。

四、风向传感器的设置

突出煤层采煤工作面进风巷、掘进工作面进风的分风口应设置风向传感器。当发生风流逆转时发出声光报警信号。

五、瓦斯抽放管路中其他传感器的设置

瓦斯抽放泵站的抽放泵输入管路中宜设置流量传感器、温度传感器和压力传感器；利用瓦斯时，应在输出管路中设置流量传感器、温度传感器和压力传感器，防回火安全装置上设置压差传感器。

六、烟雾传感器的设置

带式输送机滚筒下风侧 10~15 m 处应设置烟雾传感器。

七、温度传感器的设置

（1）温度传感器应垂直悬挂。距顶板（顶梁）不得大于 300 mm，距巷壁不得小于 200 mm，并应安装维护方便，不影响行人和行车。

（2）开采容易自燃、自燃煤层及地温高的矿井采煤工作面应在工作面或回风巷设置温度传感器。温度传感器的报警值为 30 ℃。

（3）机电硐室内应设置温度传感器，报警值为 34 ℃。

（4）压风机应设置温度传感器，温度超限时，声光报警，并切断压风机电源。

八、粉尘传感器的设置

采煤机、掘进机、转载点、破碎处、装煤口等产尘地点宜设置粉尘传感器。

九、设备开停传感器的设置

主要通风机、局部通风机应设置设备开停传感器。

十、风门开关传感器的设置

矿井和采区主要进回风巷道中的主要风门应设置风门开关传感器。当两道风门同时打开时，发出声光报警信号。

十一、风筒传感器的设置

掘进工作面局部通风机的风筒末端应设置风筒传感器。

十二、馈电传感器的设置

被控开关的负荷侧应设置馈电传感器或接点。

◎ 知识加油站

使用移动端识别二维码，查看井下一氧化碳传感器的安装要求。

视频 一氧化碳传感器的安设要求

知识点五　安全监控设备的检修、维护及报废

一、检修机构

（1）煤矿应建立安全监控设备检修室，负责本矿安全监控设备的安装、调校、维护和简单维修工作。

（2）未建立检修室的小型煤矿应将安全监控仪器送到检修中心进行调校和维修。

（3）国有重点煤矿的矿务局（公司）、产煤县（市）应建立安全监控设备检修中心，负责安全监控设备的调校、维修、报废鉴定等工作，有条件的可配制甲烷校准气体，并对煤矿进行技术指导。

（4）安全监控设备检修室宜配备甲烷传感器和测定器校验装置、稳压电源、示波器、频率计、信号发生器、万用表、流量计、声级计、甲烷校准气体、标准气体等仪器装备；安全监控设备检修中心除应配备上述仪器装备外，具备条件的宜配备甲烷校准气体配气装置、气相色谱仪或红外线分析仪等。

二、校准气体

（1）配制甲烷校准气样的装备和方法应符合《空气中甲烷校准气体技术条件》（MT/T 423—1995）的规定，选用纯度不低于99.9%的甲烷标准气体作原料气。配制好的甲烷校准气体应以标准气体为标准，用气相色谱仪或红外线分析仪分析定值，其不确定度应小于5%。

（2）甲烷校准气体配气装置应放在通风良好，符合国家有关防火、防爆、压力容器安全规定的独立建筑内。配气气瓶应分室存放，室内应使用隔爆型的照明灯具及电气设备。

（3）高压气瓶的使用管理应符合国家有关气瓶安全管理的规定。

三、调校

（1）安全监控设备应按产品使用说明书的要求定期调校、测试，每月至少1次。

（2）安全监控设备使用前和大修后，应按产品使用说明书的要求测试、调校合格，并在地面试运行24~48 h方能下井。

（3）甲烷传感器应使用校准气样和空气气样在设备设置地点调校，便携式甲烷检测报警仪和甲烷检测报警矿灯等在仪器维修室调校。采用载体催化原理的甲烷传感器、便携式甲烷检测报警仪和甲烷检测报警矿灯等，每15 d至少调校1次。采用激光原理的甲烷传感器等，每6个月至少调校1次。调校时，应先在新鲜空气中或使用空气样调校零点，使仪器显示值为零，再通入浓度为1%~2%的甲烷校准气体，调整仪器的显示值与校准气体浓度一致，气样流量应符合产品使用说明书的要求。

（4）除甲烷以外的其他气体监控设备应采用空气样和标准气样按产品说明书进行调校。风速传感器选用经过标定的风速计调校。温度传感器选用经过标定的温度计调校。其他传感器和便携式检测仪器应按使用说明书要求定期调校。

（5）安全监控设备的调校包括零点、显示值、报警点、断电点、复电点、控制逻辑等。

（6）甲烷电闭锁和风电闭锁功能每15 d至少测试1次；可能造成局部通风机停电的，每半年测试1次。

四、维护

（1）井下安全监测工应24 h值班，每天检查煤矿安全监控系统及线缆的运行情况。使用便携式甲烷检测报警仪或便携式光学甲烷检测仪与甲烷传感器进行对照，并将记录和检查结果报地面中心站值班员。当两者读数误差大于允许误差时，先以读数较大者为依据，采取安全措施，并应在8 h内将两种仪器调准。

（2）下井管理人员发现便携式甲烷检测报警仪或便携式光学甲烷检测仪与甲烷传感器读数误差大于允许误差时，应立即通知安全监控部门进行处理。

（3）安装在采煤机、掘进机和电机车上的机（车）载断电仪，由司机负责监护，并应经常检查清扫，每天使用便携式甲烷检测报警仪与甲烷传感器进行对照，当两者读数误差大于允许误差时,先以读数最大者为依据,采取安全措施,并立即通知安全监测工,在 8 h 内将两种仪器调准。

(4) 炮掘工作面和炮采工作面设置的甲烷传感器在爆破前应移动到安全位置,爆破后应及时恢复设置到正确位置。对需要经常移动的传感器、声光报警器、断电控制器及线缆等,由采掘班组长负责按规定移动,不得擅自停用。

(5) 井下使用的分站、传感器、声光报警器、断电控制器及线缆等由所在区域的区队长、班组长负责使用和管理。

(6) 传感器经过调校检测误差仍超过规定值时,应立即更换;安全监控设备发生故障时,应及时处理,在更换和故障处理期间应采用人工监测等安全措施,并填写故障记录。

(7) 采用载体催化原理的低浓度甲烷传感器经大于 4% 的甲烷冲击后,应及时进行调校或更换。

(8) 电网停电后,备用电源不能保证设备连续工作 2 h 时,应及时更换。使用中的传感器应经常擦拭,清除外表积尘,保持清洁。采掘工作面的传感器应每天除尘;传感器应保持干燥,避免洒水淋湿;维护、移动传感器应避免摔打碰撞。

五、便携式检测仪器

(1) 便携式甲烷检测报警仪和甲烷报警矿灯等检测仪器应设专职人员负责充电、收发及维护。每班要清理隔爆罩上的煤尘,下井前应检查便携式甲烷检测报警仪和甲烷检测报警矿灯的零点和电压值,不符合要求的不得发放使用。

(2) 使用便携式甲烷检测报警仪和甲烷报警矿灯等检测仪器时要严格按照产品说明书进行操作,不得擅自调校和拆开仪器。

六、备件

矿井应配备传感器、分站等安全监控设备备件,备用数量不少于应配备数量的 20%。

七、报废

安全监控设备符合下列情况之一者,应当报废:
(1) 设备老化、技术落后或超过规定使用年限的;
(2) 通过修理,虽能恢复性能和技术指标,但一次修理费用超过原价 80% 的;
(3) 失爆不能修复的;
(4) 遭受意外灾害,损坏严重,无法修复的;
(5) 不符合国家规定及行业标准规定应淘汰的。

◎ 知识加油站

使用移动端识别二维码,观看煤矿井下瓦斯监测工作流程。

视频 煤矿井下
瓦斯监测
工作流程

知识点六 信息处理

一、地面中心站的装备

(1) 煤矿安全监控系统的主机及系统联网主机应双机热备份,24 h 不间断运行。当工作主机发生故障时，备份主机应在60 s内投入工作。不得采用虚拟机替代主机。

（2）中心站应双回路供电并配备不小于4 h在线式不间断电源。

（3）中心站设备应有可靠的接地装置和防雷装置。

（4）联网主机应装备网络安全设备。

（5）中心站应使用录音电话。

（6）煤矿安全监控系统显示和控制终端应设置在矿调度室内。

二、煤矿安全监控系统信息的处理

（1）地面中心站值班应设置在矿调度室内，实行24 h值班制度。值班人员应认真监视监视器所显示的各种信息，详细记录系统各部分的运行状态，接收上一级管理部门下达的指令并及时进行处理，填写运行日志，打印安全监控日报表，报矿主要负责人和主要技术负责人审阅。

（2）系统发出报警、断电、馈电异常信息时，中心站值班人员应立即通知矿井调度部门，查明原因，并按规定程序及时报上一级管理部门。调度值班人员接到报警、断电、馈电异常信息后，应按规定指挥现场人员停止工作，断电时撤出人员，并向矿值班领导汇报。处理过程应记录备案。

（3）当系统显示井下某一区域甲烷超限并有可能波及其他区域时，应按瓦斯事故应急预案手动遥控切断瓦斯可能波及区域的电源。

三、联网信息的处理

（1）煤矿安全监控系统联网实行分级管理。煤矿应向上一级安全监控网络中心上传实时监控数据。

（2）网络中心对煤矿安全监控系统的运行进行监督和指导。

（3）网络中心应24 h有人值班。值班人员应认真监视监控数据，核对煤矿上传的隐患处理情况，填写运行日志，打印报警信息日报表，报值班领导审阅。发现异常情况要详细查询，按规定进行处理。

（4）网络中心值班人员发现煤矿甲烷超限报警、断电、馈电状态异常情况等应立即通知煤矿核查情况，按应急预案进行处理。

（5）煤矿安全监控系统中心站值班人员接到网络中心发出的报警处理指令后，要立即处理落实，并将处理结果向网络中心反馈。

（6）网络中心值班人员发现煤矿安全监控系统通信中断或出现无记录情况，应查明原因，并根据具体情况下达处理意见，处理情况记录备案，上报值班领导。

（7）网络中心每月应对甲烷超限情况进行汇总分析。

◎ **任务实施**

【任务要求】

随着煤矿智能化水平的不断提升，煤矿智能安全监测监控技术已经深入煤矿生产中，请同学们根据《煤矿安全监控系统及检测仪器使用管理规范》，归纳、整理煤矿井下各类传感器的布置位置及要求，并以列表形式进行汇总。

【任务计划与实施】

引导问题1：《煤矿安全监控系统及检测仪器使用管理规范》适用的范围？

引导问题2：试述《煤矿安全监控系统及检测仪器使用管理规范》规定的主要内容？

引导问题3：请总结煤矿井下各类传感器的布置位置及要求。

◎ 思政小课堂

煤矿安全监测监控系统的应用，能很大程度上从源头降低安全生产事故的发生，希望同学们学习和掌握不同类型传感器的设置要求、使用和维护方法，能在未来的工作岗位上严格按照行业标准安全操作，养成良好的职业习惯。

◎ 任务考核

1.（单选题）煤矿安全监控系统应（　　）h连续运行。
A. 8　　　　　　B. 12　　　　　　C. 24　　　　　　D. 48

2.（单选题）瓦斯检查工下井时应携带（　　）。
A. 便携式甲烷检测报警仪　　　　　B. 通风多参数检测仪
C. 光学甲烷检测仪　　　　　　　　D. 电子翼式风表

3.（多选题）突出矿井在（　　）设置的甲烷传感器必须是全量程或者高低浓度甲烷传感器，宜采用激光原理甲烷传感器。
A. 采煤工作面进、回风巷
B. 煤巷、半煤岩巷掘进工作面回风流中
C. 有瓦斯涌出的岩巷掘进工作面回风流中
D. 采区回风巷、总回风巷

4.（单选题）（　　）应设置在能正确反映被测物理量的位置。

A. 模拟量传感器 B. 开关量传感器
C. 声光报警器 D. 监控分站
5. （多选题）安全监控设备符合（　　），应当报废。
A. 设备老化、技术落后或超过规定使用年限的
B. 通过修理，虽能恢复性能和技术指标，但一次修理费用超过原价80%的
C. 失爆不能修复的
D. 遭受意外灾害，损坏严重，无法修复的
E. 不符合国家规定及行业标准规定应淘汰的

◎ **任务评价**

根据考核内容，学生完成自我小结并进行自评打分，教师根据学生活动情况进行点评并完成教师打分，最后按学生自评分×40%+教师评分×60%计算得分。

考 核 评 价 表

模块二	项目一　煤矿安全监控系统及检测仪器使用管理规范			
班级		姓名		
评价类别	考核内容	分数	学生自评分	教师评分
知识目标	熟悉煤矿安全监测监控系统及检测仪器使用管理规范	10		
	熟悉甲烷传感器及其他传感器布置	10		
能力目标	能叙述煤矿安全监测监控系统安装的一般要求	10		
	能叙述煤矿安全监测监控系统设计和安装注意事项	10		
	能针对不同采掘工作生产系统布置甲烷传感器及其他传感器	20		
	能掌握煤矿安全监测监控系统使用及维护要点	10		
	能叙述煤矿安全监测监控系统中信息处理的基本要求	10		
素质目标	培养严谨仔细的工作态度，在作业岗位中树立安全第一、预防为主的安全思想	20		
	小计	100		

项目二 煤矿安全监控系统通用技术要求

◎ 学习目标

  ☞ 知识目标

（1）熟悉煤矿安全监控系统通用技术要求。

（2）了解监测监控设备产品型号、分类和技术要求。

  ☞ 能力目标

（1）能对监测监控设备进行分类。

（2）能叙述监测监控系统设备使用的环境条件。

（3）能叙述监测监控系统的基本功能和软件功能。

  ☞ 素质目标

培养学生对监测监控系统设备的辨识能力和分类能力，同时也培养学生分析问题和解决问题的能力。

◎ 案例导入

  2023 年 9 月 24 日 8 时 10 分许，贵州省六盘水市盘州市某煤矿井下发生皮带着火事故，造成 16 人死亡。该煤矿采区运输平巷变形，巷道底鼓严重，钢丝绳皮带运行过程中，皮带与 U 形棚发生摩擦，皮带两边的钢丝绳已经在 U 形棚磨出了光亮的凹槽，同时皮带中部的钢丝绳受挤压，把钢丝绳也磨了出来。当日 7 时 58 分，皮带上面的煤已经全部排完，钢丝绳引燃木板，点燃了皮带引发火灾。火灾发生后产生烟囱效应，火势沿着火点顺风蔓延，一共燃烧了 50 m 皮带，导致在回风巷的 16 名矿工全部遇难。

  现场勘查发现，采区运输巷没有安设烟雾传感器和一氧化碳传感器，回风巷安设的一氧化碳传感器，在火灾事故发生以后，仍然显示数据为"0"，在事故发生以后的四五个小时，检查一氧化碳的浓度为 200 ppm，但是这个传感器数据显示竟然是"0"，监测运行功能失效。也就是说，无法根据监测监控系统推算火灾事故发生的时间，调度室也就没有人知道这个地方发生了火灾，更不要说启动应急响应。该矿有两套系统，也安装了部分烟雾传感器和一氧化碳传感器，但没有接入主监控系统。

◎ 知识链接

知识点一 煤矿安全监控系统技术要求

一、煤矿安全监控系统一般要求

煤矿安全监控系统应符合《煤矿安全监控系统通用技术要求》（AQ6201—2019）的规定，系统中的设备应符合有关标准的规定，并按照经批准的图样及文件制造和成套。

二、环境条件

（1）系统中用于机房、调度室的设备，应能在下列条件下正常工作：

①环境温度：15~30 ℃；

②相对湿度：40%～70%；
③温度变化率：小于10 ℃/h，且不得结露；
④大气压力：80～106 kPa；
⑤GB/T 2887 规定的尘埃、照明、噪声、电磁场干扰和接地条件。
（2）除有关标准另有规定外，系统中用于煤矿井下的设备应在下列条件下正常工作：
①环境温度：0～40 ℃；
②平均相对湿度：不大于95%（+25 ℃）；
③大气压力：80～106 kPa；
④有爆炸性气体混合物，但无显著振动和冲击、无破坏绝缘的腐蚀性气体。

三、供电电源

1. 地面设备交流电源

（1）额定电压：380 V/220 V，允许偏差±10%。
（2）谐波：不大于5%。
（3）频率：50 Hz，允许偏差±5%。

2. 井下设备交流电源

（1）额定电压：127 V/380 V/660 V/1 140 V，允许偏差：
①专用于井底车场、主运输巷：上限+10%，下限-20%；
②其他井下产品：上限+10%，下限-25%。
（2）谐波：10%。
（3）频率：50 Hz，允许偏差±5%。

四、系统设计要求

1. 系统组成

系统一般由主机、传输接口、网络交换机、分站、传感器、执行器（含断电控制器、声光报警器）、电源箱、线缆、接线盒、避雷器和其他必要设备组成。

2. 硬件

中心站硬件一般包括传输接口、主机、打印机、不间断电源、投影仪或电视墙、网络交换机、服务器和配套设备等。中心站均应采用当时主流技术的通用产品，并满足可靠性、可维护性、开放性和可扩展性等要求。

传感器的稳定性应不小于15 d，采掘工作面气体类传感器防护等级不低于IP65，其余不低于IP54。

由外部本安电源供电的设备一般应能在9～24 V范围内正常工作。

3. 软件

操作系统、数据库，编程语言等应为可靠性高、开放性好、易操作、易维护、安全、成熟的主流产品。软件应有详细的汉字说明和汉字操作指南。

4. 多网、多系统融合

系统应有机融合井下有线和无线传输网络；宜与GIS技术有机融合；宜与人员位置监测、应急广播、移动通信、供电监控、视频监视、运输监控、工作面监控等系统有机融合。

五、基本功能

1. 数据采集

系统应具有甲烷浓度、风速、风压、一氧化碳浓度、温度、粉尘等模拟量采集、显示及报警功能。

系统应具有馈电状态、风机开停、风筒状态、风门开关、风向、烟雾等开关量采集、显示及报警功能。

系统应具有瓦斯抽采（放）量监测、显示功能。

2. 控制

（1）系统应由现场设备完成甲烷浓度超限声光报警和断电/复电控制功能：

①甲烷浓度达到或超过报警浓度时，声光报警；

②甲烷浓度达到或超过断电浓度时，切断被控设备电源并闭锁；甲烷浓度低于复电浓度时，自动解锁；

③与闭锁控制有关的设备（含甲烷传感器、分站、电源、断电控制器等）未投入正常运行或故障时，切断该设备所监控区域的全部非本质安全型电气设备的电源并闭锁；当与闭锁控制有关的设备工作正常并稳定运行后，自动解锁。

（2）系统应由现场设备完成甲烷风电闭锁功能：

①掘进工作面甲烷浓度达到或超过 1.0% 时，声光报警；掘进工作面甲烷浓度达到或超过 1.5% 时，切断掘进巷道内全部非本质安全型电气设备的电源并闭锁；当掘进工作面甲烷浓度低于 1.0% 时，自动解锁；

②掘进工作面回风流中的甲烷浓度达到或超过 1.0% 时，声光报警、切断掘进巷道内全部非本质安全型电气设备的电源并闭锁；当掘进工作面回风流中的甲烷浓度低于 1.0% 时，自动解锁；

③被串掘进工作面入风流中甲烷浓度达到或超过 0.5% 时，声光报警、切断被串掘进巷道内全部非本质安全型电气设备的电源并闭锁；当被串掘进工作面入风流中甲烷浓度低于 0.5% 时，自动解锁；

④局部通风机停止运转或风筒风量低于规定值时，声光报警切断供风区域的全部非本质安全型电气设备的电源并闭锁；当局部通风机且风筒恢复正常工作时，自动解锁；

⑤局部通风机停止运转，掘进工作面或回风流中甲烷浓度大于 3.0% 时，对局部通风机进行闭锁使之不能启动，只有通过密码操作软件或使用专用工具方可人工解锁；当掘进工作面或回风流中甲烷浓度低于 1.5% 时，自动解锁；

⑥与闭锁控制有关的设备（含分站、甲烷传感器、设备开停传感器、电源、断电控制器等）故障或断电时，声光报警、切断该设备所监控区域的全部非本质安全型电气设备的电源并闭锁；与闭锁控制有关的设备接通电源 1min 内，继续闭锁该设备所监控区域的全部非本质安全型电气设备的电源；当与闭锁控制有关的设备工作正常并稳定运行后，自动解锁。不得对局部通风机进行故障闭锁控制。

（3）系统应具有掘进工作面煤与瓦斯突出报警和断电闭锁功能：

①掘进工作面甲烷传感器故障或监测到的甲烷浓度迅速升高或达到报警值（1.0%），掘进巷道回风流甲烷传感器监测到的甲烷浓度迅速升高或达到报警值（1.0%），掘进巷道

回风流风速传感器监测到的风速不低于正常值,发出煤与瓦斯突出报警和断电闭锁信号,切断相关区域全部非本质安全型电气设备电源(掘进工作面甲烷浓度迅速升高且风速不低于正常值);

②掘进工作面甲烷传感器故障或监测到的甲烷浓度迅速升高或达到报警值(1.0%),掘进巷道回风流甲烷传感器故障或监测到的甲烷浓度迅速升高或达到报警值(1.0%),掘进工作面分风口风向传感器监测到风流逆转,发出煤与瓦斯突出报警和断电闭锁信号,切断相关区域全部非本质安全型电气设备电源(掘进工作面甲烷浓度迅速升高且风流逆转);

③掘进工作面甲烷传感器故障或监测到的甲烷浓度迅速升高或达到报警值(1.0%),掘进巷道回风流甲烷传感器故障或监测到的甲烷浓度迅速升高或达到报警值(1.0%),掘进工作面进风分风口甲烷传感器监测到的甲烷浓度迅速升高或达到报警值(0.5%),发出煤与瓦斯突出报警和断电闭锁信号,切断相关区域全部非本质安全型电气设备电源(掘进工作面甲烷浓度迅速升高且回风、进风甲烷浓度均迅速升高)。

(4)系统应具有采煤工作面煤与瓦斯突出报警和断电闭锁功能:

①采煤工作面甲烷传感器故障或监测到的甲烷浓度迅速升高或达到报警值(1.0%),回风隅角甲烷传感器故障或监测到的甲烷浓度迅速升高或达到报警值(1.0%),回风巷甲烷传感器监测到的甲烷浓度迅速升高或达到报警值(1.0%),回风巷风速传感器监测到的风速不低于正常值,发出煤与瓦斯突出报警和断电闭锁信号,切断相关区域全部非本质安全型电气设备电源(采煤工作面甲烷浓度迅速升高且风速不低于正常值);

②采煤工作面甲烷传感器故障或监测到的甲烷浓度迅速升高或达到报警值(1.0%),回风隅角甲烷传感器故障或监测到的甲烷浓度迅速升高或达到报警值(1.0%),回风巷甲烷传感器故障或监测到的甲烷浓度迅速升高或达到报警值(1.0%),进风巷(靠近工作面)甲烷传感器故障或监测到的甲烷浓度迅速升高或达到报警值(0.5%),进风巷风向传感器监测到风流逆转,发出煤与瓦斯突出报警和断电闭锁信号,切断相关区域全部非本质安全型电气设备电源(采煤工作面甲烷浓度迅速升高且风流逆转);

③采煤工作面甲烷传感器故障或监测到的甲烷浓度迅速升高或达到报警值(1.0%),回风隅角甲烷传感器故障或监测到的甲烷浓度迅速升高或达到报警值(1.0%),回风巷甲烷传感器故障或监测到的甲烷浓度迅速升高或达到报警值(1.0%),进风巷(靠近工作面)甲烷传感器故障或监测到的甲烷浓度迅速升高或达到报警值(0.5%),进风巷(靠近分风口)甲烷传感器监测到的甲烷浓度迅速升高或达到报警值(0.5%),发出煤与瓦斯突出报警和断电闭锁信号,切断相关区域全部非本质安全型电气设备电源(采煤工作面甲烷浓度迅速升高且回风、进风甲烷浓度迅速升高)。

(5)系统应具有地面中心站手动遥控断电/复电功能,并具有操作权限管理和操作记录功能。

(6)系统应具有异地断电/复电功能。

(7)系统应具有与应急广播、通信、人员位置监测等系统应急联动功能。

3. 调节

系统宜具有自动、手动、就地、远程和异地调节功能。

4. 存储和查询

(1)系统应具有以地点和名称为索引的存储和查询功能:

①甲烷浓度、风速、负压、一氧化碳浓度等重要测点模拟量的实时监测值；
②模拟量统计值（最大值、平均值、最小值）；
③报警及解除报警时刻及状态；
④断电/复电时刻及状态；
⑤馈电异常报警时刻及状态；
⑥局部通风机、风筒、主要通风机、风门、风向等状态及变化时刻；
⑦瓦斯抽采（放）量等累计量值；
⑧设备故障/恢复正常工作时刻及状态等。

（2）采掘工作面瓦斯超限报警、断电、馈电异常，局部通风机停风等数据应进行加密存储，宜采用 RSA 加密算法对数据进行加密。

5. 显示

（1）系统应具有列表显示功能：
①模拟量及相关显示内容：地点，名称，单位，报警门限，断电门限，复电门限，监测值，最大值，最小值，平均值，断电/复电命令，馈电状态，超限报警，馈电异常报警，传感器工作状态等；
②开关量显示内容：地点，名称，开/停时刻，状态，工作时间，开停次数，传感器工作状态，报警及解除报警状态及时刻等；
③累计量显示内容：地点，名称，单位，累计量值等。

（2）系统应能在同一时间坐标上，同时显示模拟量曲线和开关状态图等。

（3）系统应具有模拟量实时曲线和历史曲线显示功能。在同一坐标上用不同颜色显示最大值、平均值、最小值等曲线。

（4）系统应具有开关量状态图及柱状图显示功能。

（5）系统应具有模拟动画显示功能。显示内容：通风系统模拟图，相应设备开停状态，相应模拟量数值等。应具有漫游、总图加局部放大、分页显示等方式。

（6）系统应具有系统设备布置图显示功能。显示内容：传感器，分站，电源箱，断电控制器，传输接口和线缆等设备的设备名称，相对位置和运行状态等。若系统庞大一屏容纳不下，可漫游、分页或总图加局部放大。

◎ 任务实施

【任务要求】

安全监测监控系统普遍应用于煤矿生产的全过程，请同学们列出煤矿安全监测监控系统的组成、主要功能及软件的功能。根据引导问题逐步学习、研讨，最终以 PPT 形式汇报成果。

【任务计划与实施】

引导问题1：请整理并写出煤矿安全监测监控系统的组成。

引导问题 2：请列出煤矿安全监测监控系统的主要功能。

引导问题 3：请列出煤矿安全监测监控系统软件的功能。

◎ 思政小课堂

安全监测监控系统的有效应用，实现了对井下瓦斯、一氧化碳、风速、风压、温度、风机开停、风门开关的自动、连续、集中监测，避免了瓦斯超限、自燃等引起的各类瓦斯和火灾事故。通过学习煤矿安全监控系统技术要求，尤其是控制功能的实现方式，培养同学们分析问题和解决问题的能力。

◎ 任务考核

1.（多选题）煤矿安全监测监控系统按传输介质分类包括（　　）。
A. 电缆　　　　B. 光缆　　　　C. 无线　　　　D. 复合型

2.（单选题）由外部本安电源供电的设备一般应能在（　　）范围内正常工作。
A. 6~12 V　　　B. 9~24 V　　　C. 12~24 V　　　D. 24~36 V

3.（多选题）煤矿安全监测监控系统中心站均应采用当时主流技术的通用产品，并满足（　　）等要求。
A. 可靠性　　　　　　　　　　B. 可维护性
C. 开放性　　　　　　　　　　D. 可扩展性

4.（多选题）煤矿安全监测监控系统应有机融合（　　）。宜与人员位置监测、应急广播、移动通信、供电监控、视频监视、运输监控、工作面监控等系统有机融合。
A. 井下有线和无线传输网络
B. 宜与 GIS 技术有机融合
C. 宜与人员位置监测、应急广播、移动通信有机融合
D. 宜与供电监控、视频监视、运输监控、工作面监控等系统有机融合

5.（判断题）煤矿安全监测监控系统应具有模拟量实时曲线和历史曲线显示功能。在同一坐标上用不同颜色显示最大值、平均值、最小值等曲线。（　　）

◎ 任务评价

根据考核内容，学生完成自我小结并进行自评打分，教师根据学生活动情况进行点评并完成教师打分，最后按学生自评×40%+教师评分×60%计算得分。

考核评价表

模块二	项目二 煤矿安全监控系统通用技术要求			
班级		姓名		
评价类别	考核内容	分数	学生自评分	教师评分
知识目标	熟悉煤矿安全监控系统通用技术要求	10		
	了解监测监控设备产品型号及分类和技术要求	10		
能力目标	能对监测监控设备进行分类	20		
	能叙述监测监控系统设备使用的环境条件	20		
	能叙述监测监控系统的基本功能和软件功能	20		
素质目标	培养学生对监测监控系统设备的辨识能力和分类能力,同时也培养学生分析问题和解决问题的能力	20		
	小计	100		

模块三　矿用传感器的使用与维护

◎ **模块说明**

传感器是当今科技领域不可或缺的关键驱动力，被誉为现代智能化的神经触角。传感器是一种器件或者装置，是数字经济时代关键的硬件入口之一，通过感知和测量真实世界，将其数字化后进行处理，再结合特定算法，实现硬件终端的智能化。煤矿安全监控系统传感器主要包括：气体监测传感器、粉尘监测传感器、环境温湿度监测传感器、矿山压力监测传感器、粉尘浓度检测、井巷风速监测传感器、负压监测传感器、风门开关传感器、风筒传感器等。本模块主要学习煤矿安全智能监测监控系统传感器组成及分类、传感性能指标、传感器安全要求和日常维护。

项目一　认识矿用传感器

◎ **学习目标**

☞ 知识目标

（1）了解矿用传感器的基本原理及组成。
（2）了解矿用传感器的性能指标。

☞ 能力目标

（1）能叙述传感器的组成及基本原理。
（2）能对矿用传感器进行分类。
（3）能叙述矿用传感器的性能指标。

☞ 素质目标

培养学生安全发展理念，坚持"安全第一、预防为主、综合治理"的方针，树立责任意识，通过学习培养求实的科学态度。

◎ **案例导入**

风门是煤矿井下车辆运输、人员通行的必备通道。为了避免车辆和人员在穿过风门时出现挤压、夹人事故，2018年下半年，陕西延安市黄陵二号煤矿为井下自动风门安装了红外线防夹装置，确保安全生产。自动风门防夹装置是在两道风门两端分别安装红外传感器，依靠红外线对射感应检测原理，控制风门的开关。风门启动时该装置会发射三道红外线光束，当风门在关闭过程中，行人或车辆不小心误入时，红外传感器会向风门电控装置发送信号，停止关闭风门。该矿已经在井下各条巷道风门处安装了红外线防夹装置，有效保障了通行人员和运输车辆的安全。

◎ **知识链接**

传感器是信息的源头，也被认为是现代信息技术的三大支柱之一。传感器技术是实现自动控制、自动调节的关键环节，其水平高低在很大程度上影响和决定着系统的功能。

知识点一　传感器的组成与分类

一、传感器的定义

按照《传感器命名法及代码》（GB/T7 666—2005）定义，能够把特定的被测量信息（如物理量、化学量、生物量等）按一定规律转换成某种可用输出信号的器件或装置称为传感器。

所谓"可用输出信号"，是指便于传输、便于处理的信号。就目前而言，电信号最能满足便于传输、便于处理的要求。因此，也可以把传感器狭义地定义为：能把外界非电量信息转换成电信号输出的器件或装置。目前只要谈到传感器，指的几乎就是以电信号为输出的传感器。

二、传感器的组成

传感器一般由敏感元件、转换元件和信号处理电路三部分组成，有时需要加辅助电源，其组成原理如图3-1所示。

图3-1　传感器组成原理图

敏感元件（又称预变换器），是用来感受被测物理量，并将它预先变换成另一种形式物理量的器件。

转换元件，是将经预变换的非电信号变换为电信号的器件。例如，在压力传感器中，敏感元件为弹簧管、波纹管、膜片等，在压力作用下产生形变，从而产生了位移或力，即将压力变换为位移或力；通过位移检测线圈或差动变压器等，又将位移或力变换为电信号。

信号处理电路，是将转换元件输出的电信号放大或处理为便于显示、记录控制、传输的信号。另外，信号处理电路还可以对传感器内部和外部电路起缓冲、匹配和补偿的作用；有的还可以对传感器输出信号进行预处理，故有时将信号处理电路称为接口电路、二次电路等。

三、传感器的分类

传感器分类方法有多种，最为常用的几种分类法如下。

（1）按照传感器的用途分类，如位移传感器、力传感器、荷重传感器、速度传感器、振动传感器、压力传感器、温度传感器、湿度传感器等。

（2）按照传感器的工作原理分类，如电阻式传感器、电感式传感器、电容式传感器、涡流式传感器、磁电式传感器、压电式传感器、光电式传感器、磁弹性式传感器、振频式传感器和电化学式传感器等。

（3）按照外界输入信号转换至电信号过程中所利用的效应分类，如利用物理效应进行转换的为物理传感器，利用化学反应进行转换的为化学传感器，利用生物效应进行转换的为生物传感器等。

（4）以输出信号为标准，可将传感器分为模拟传感器、数字传感器、膺数字传感器、开关传感器等。模拟传感器是将被测量的非电学量转换成模拟电信号。数字传感器是将被测量的非电学量转换成数字输出信号（包括直接和间接转换）。膺数字传感器是将被测量的信号量转换成频率信号或短周期信号（包括直接转换或间接转换）。当一个被测量的信号达到某个特定的阈值时，传感器相应地输出一个设定的低电平或高电平信号，这种传感器被称为开关传感器。

（5）从采用的材料进行传感器分类，如按照其所用材料的类别分金属、聚合物、陶瓷、混合物；按材料的物理性质分导体、绝缘体、半导体、磁性材料；按材料的晶体结构分单晶、多晶、非晶材料。现代传感器制造业的进展取决于用于传感器技术的新材料和敏感元件的开发强度。传感器开发的基本趋势与半导体以及介质材料的应用密切关联。

（6）按照制造工艺，可以将传感器区分为集成传感器、薄膜传感器、厚膜传感器、陶瓷传感器。集成传感器是用标准的生产硅基半导体集成电路的工艺技术制造的，通常还将用于初步处理被测信号的部分电路也集成在同一芯片上。薄膜传感器则是通过沉积在介质衬底（基板）上的、相应敏感材料的薄膜形成的，使用混合工艺时，同样可将部分电路制造在此基板上。厚膜传感器是利用相应材料的浆料，涂覆在陶瓷基片上制成的，基片通常是 Al_2O_3 制成的，然后进行热处理，使厚膜成形。陶瓷传感器采用标准的陶瓷工艺或某种变种工艺（溶胶-凝胶等）生产，完成适当的预备性操作之后，已成形的元件在高温中进行烧结。厚膜和陶瓷传感器这两种工艺之间有许多共同特性，在某些方面，可以认为厚膜工艺是陶瓷工艺的一种变型。

四、传感器类型

（1）电阻式传感器是将非电量（如力、位移、速度、形变、加速度、扭矩等参数）转换为电阻变化的传感器，其核心转换元件是电阻元件。电阻式传感器将非电量的变化转换为相应的电阻值的变化，通过电测技术对电阻进行测量，以达到对上述非电量测量的目的。常见的电阻式传感器有电阻应变式传感器和电位器式传感器。

（2）电阻应变式传感器是一种由电阻应变片（计）和弹性敏感元件组合起来的传感器。将应变片粘贴在各种弹性敏感元件上，当弹性敏感元件受到外作用力、力矩、压力、位移、加速度各种参数作用时，弹性敏感元件将产生位移、应力、应变，电阻应变片将它们再转换成电阻的变化。电阻应变式传感器可应用不同弹性敏感元件形式完成多种参数的转换，构成检测各种参数的应变式传感器。

（3）电位器式传感器通过滑动触点把位移转换为电阻丝的长度变化，从而改变电阻值大小，进而再将这种变化值转换成电压或电流的变化值。电位器式传感器分为绕线式和非绕线式两大类。绕线式电位器是最基本的电位器式传感器；非绕线式电位器则是在绕线电位器的基础上，在电阻元件的形式和工作方式上有所发展，包括薄膜电位器、导电塑料电位器和光电电位器等。

（4）电感式传感器利用电感元件把被测物理量的变化转换成电感的自感系数或互感系数的变化，再由测量电路转换为电压（或电流）信号。它可以把各种物理量（如位移、压力、流量等参数）转换成电流输出，能满足信息的远距离传输、记录、显示和控制等方面的要求，在自动控制系统中应用广泛。

（5）磁电传感器是利用电磁感应原理，将输入运动速度变换成感应电势输出的传感器。它不需要辅助电源就能把被测对象的机械能转换为易于测量的电信号，是一种有源传感器，有时也称为电动式或感应式传感器。制作磁电式传感器的材料有导体、半导体、磁性体、超导体等。利用导体和磁场的相对运动产生感应电动势的电磁感应原理，可制成各种类型的磁电式传感器和磁记录装置；利用强磁性体金属的各向异性磁阻效应，可制成强磁性金属磁敏器件；利用半导体材料的磁阻效应可制成磁敏电阻、磁敏二极管、磁敏三极管等。

常见传感器原理及其应用领域见表3-1。

表3-1 常见传感器原理及其应用领域

传感器种类	工作原理	可被测定的非电学量
敏力电阻，热敏电阻（NTC），PTC，半导体传感器	阻值变化	力，重量，压力，加速度，温度，湿度，气体
电容传感器	电容量变化	力，重量，压力，加速度，液面，湿度
感应传感器	电感量变化	力，重量，压力，加速度，旋进数，转矩，磁场
霍尔传感器	霍尔效应	角度，旋进度，力，磁场
压电传感器，超声波传感器	压电效应	力，加速度，距离
热电传感器	热电效应	烟雾，明火，热分布
光电传感器	光电效应	辐射，角度，旋转数，位移，转矩

知识点二　传感器的性能指标

传感器所测量的物理量有两种基本形式：一种是稳态（静态或准静态）的形式，即信号不随时间变化（或变化很缓慢）；另一种是动态（周期变化或瞬态）的形式，即信号随时间变化。传感器必须具有良好的静态和动态特性，才能完成对信号（或能量）的无失真转换。传感器的输出输入作用如图3-2所示。

一、传感器的静态特性

传感器在被测物理量各值处于稳定状态时的输出-输入关系称为静态特性。衡量传感器静态特性的主要指标有线性度、灵敏度、精度、分辨率和迟滞等。

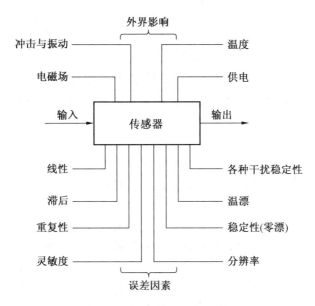

图 3-2 传感器的输出输入作用示意图

1. 线性度

线性度是描述传感器静态特性的一个重要指标,以被测输入量处于稳定状态为前提。线性度又称非线性,表征输出-输入校准曲线(或平均校准曲线)与所选定作为工作直线的拟合直线之间的偏离程度。

2. 灵敏度

传感器的灵敏度是指达到稳定工作状态时,输出变化量 Δy 与引起此变化的输入变化量 Δx 之比。线性传感器校准曲线的斜率就是灵敏度 k。

3. 精度

传感器的精度指测量结果的可靠程度,它是以给定的准确度表示重复某个读数的能力,其误差越小,传感器精度越高。传感器的精度 A 表示传感器在规定条件下允许的最大绝对误差 Δx_{max} 相对于传感器满量程输出的百分数,可表示为

$$A = \frac{\Delta x_{max}}{y_{f.s}} \times 100\% \tag{3-1}$$

式中 Δx_{max}——测量范围内允许的绝对误差;

$y_{f.s}$——传感器满量程输出。

4. 最小检测量和分辨率

最小检测量是指传感器能确切反映被测量的最低极限量。最小检测量越小,表示传感器检测微量的能力越高。

由于传感器的最小检测量 M 易受噪声的影响,所以一般用相当于噪声电平若干倍的被测量为最小检测量,用公式表示为

$$M = \frac{CN}{k} \tag{3-2}$$

式中 C——系数(一般取 1~5);

N——噪声电平；
K——传感器的灵敏度。

5. 迟滞

迟滞是指在相同工作条件下做全测量范围校准时，在同一校准中对应同一输入量的正行程和反行程，其输出值间的最大偏差。其数值用最大偏差或最大偏差的一半与满量程输出的百分比表示。

二、传感器的动态特性

除了静态特性之外，传感器的动态特性也影响其检测误差。传感器的动态特性是指传感器对于随时间变化的输入量的相应特性。

动态特性好的传感器，其输出量随时间变化的曲线与被测量在同一时间变化的曲线一致或相近。实际被测量随时间变化的形式可能是各种各样的，通常以正弦变化或阶跃变化信号作为输入的激励信号来考察传感器的输出响应，当输入信号随时间变化时，输出信号能迅速准确地反映输入信号幅度的大小和波形的变化，这样的传感器可以看成是理想的传感器。但实际的传感器测试系统总是存在着诸如弹性、惯性、阻尼等元件，使得输出、输入之间不是简单的跟随关系，还与输出量的变化速度和加速度等有关，因而精确地建立传感器数学模型是困难的。为了便于分析和处理传感器的动态特性，工程上总是采取一些近似的方法，即忽略一些影响不大的因素，以给数学模型的建立和求解带来方便。通常用线性时不变系统来描述传感器的动态特性，即以常系数线性微分方程建立传感器输出量 y 和输入量 x 之间的数学关系。

三、提高传感器性能的方法

传感器性能指标见表 3-2。提高传感器性能的方法如下。

表3-2 传感器性能指标表

基本参数指标	环境参数指标	可靠性指标	其他指标
①量程指标：量程范围、过载能力；②灵敏度指标：灵敏度、满量程输出、分辨率、输入输出阻抗等；③精度指标：精度、重复性、线性、滞后、灵敏度误差、阈值、稳定性、漂移等；④动态性能指标：固有频率、阻尼率、频响范围、频率特性、时间常数、上升时间、响应时间、过冲量、衰减率、稳态误差、临界速度等	①温度指标：工作温度范围、温度误差、温度漂移、灵敏度、温度系数、热滞后等；②抗冲振指标：各向冲振容许频率、振幅值、加速度、冲振引起的误差等；③其他环境参数：抗潮湿、抗介质腐蚀、抗电磁干扰能力等	工作寿命、平均无故障时间、保险期、疲劳性能、绝缘电阻、耐压等性能	①使用方面：供电方式、电压幅度与稳定度、功耗；②结构方面：外形尺寸、重量、外壳、材料、结构特点等；③安装连接方面：安装方式、馈线、电缆等

1. 合理选择结构、材料与参数

根据实际的需要与可能，在确保主要指标实现的基础上，放宽对次要指标的要求，以求得高的性能价格比。在设计、制造传感器时，合理选择结构、材料与参数是保证具有良好性能价格比的前提。

由于传感器种类繁多，要列出可以用来全面衡量传感器性能统一的指标很困难。迄今，国内外还是采用罗列若干基本参数和比较重要的环境参数的方法来作为检验、使用和评价传感器的依据。

2. 采用线性化技术

要求传感器具有线性输出特性的优越性在于：可简化理论分析和设计计算；便于标定和数据处理；便于刻度、制作、安装调试，并能提高精度水平；可不用非线性补偿环节。只有当传感器的输入与输出具有线性关系时，才能保证无失真地复现。实际上，传感器的线性特性很难做到。所以，人们要通过各种方法来完成输入输出特性的线性化，以改善传感器的性能。

3. 采用平均技术

通用的平均技术有误差平均处理和数据平均处理。

（1）误差平均处理。利用 n 个传感器单元同时感受被测量体，因而其输出是这些单元输出的总和，假如将每一个单元可能带来的误差 δ_0 均视为随机误差，根据误差理论，总的误差将减小为：

$$\Delta = \pm \frac{\delta_0}{\sqrt{n}} \qquad (3-3)$$

误差平均对由于工艺缺陷造成的随机误差有较好的弥补作用。

（2）数据平均处理。在相同条件下测量重复 n 次或进行 n 次采样，然后进行数据处理，随机误差也将按式（3-3）减小 $1/n$。对于带有微机芯片的智能化传感器尤为方便。

4. 采用补偿与校正技术

有时传感器的误差规律过于复杂，采用一定的技术措施仍难以满足要求，或虽然可以满足要求，但因价格昂贵或技术过分复杂而无现实意义。这时可以找出误差的方向和数值，采用修正的方法加以补偿和校正。

5. 采用屏蔽、隔离与抑制干扰措施

传感器可以视为一个复杂的输入系统，除能敏感有用信号外，还能敏感外界其他无用信号，即干扰信号而造成误差。消除或削弱干扰的方法可以从以下两个方面考虑：减小传感器对干扰的灵敏度；降低外界干扰对传感器作用的实际功率。

对电磁干扰可以采用屏蔽、隔离、滤波等措施；其他干扰要采取相应的隔离措施或者在变换为电量后对干扰进行分离或抑制减小其影响。

◎ **任务实施**

【任务要求】

安全监测监控系统传感器已经普遍应用于煤矿生产的全过程，请同学们列出煤矿安全监测监控系统传感器的种类、性能指标。根据引导问题逐步学习、研讨，最终以 PPT 形式汇报成果。

【任务计划与实施】

引导问题1：请整理并写出煤矿安全监测监控系统传感器的种类。

引导问题2：请列出煤矿安全监测监控系统传感器的主要组成元件。

引导问题3：请整理煤矿安全监测监控系统传感器的主要性能指标。

◎ 思政小课堂

始建于1989年的陕煤集团黄陵矿业集团有限责任公司，是一座大型现代化的煤、化、电、建材等产业多元互补、循环发展的现代能源化工企业。作为我国第一座实现井下智能化无人综采的矿井，该公司采用智能化无人开采技术，通过在地面指挥控制中心建立智能化监控平台，实现与井下监控中心的数据通信和传输，通过"一键启停"按钮实现对综采设备的全线开机和停机。通过学习传感器技术及其在煤矿行业的应用，激发同学们求知先进技术的欲望，培养创新思维，提高创新能力。

◎ 任务考核

1.（多选题）传感器一般是由（　　）三部分组成的，有时需要加辅助电源。
　A. 敏感元件　　　　B. 转换元件　　　　C. 霍尔元件　　　　D. 信号处理电路

2.（单选题）电阻式传感器是将非电量（如力、位移、速度、形变、加速度、扭矩等参数）转换为电阻变化的传感器，其核心转换元件是（　　）。
　A. 电感元件　　　　B. 电阻元件　　　　C. 电磁元件　　　　D. 电器元件

3.（单选题）（　　）是用来感受被测物理量，并将它预先变换成另一种形式物理量的器件。
　A. 敏感元件　　　　B. 转换元件　　　　C. 霍尔元件　　　　D. 电阻元件

4.（多选题）按照其输出信号为标准传感器可分类为（　　）。

A. 模拟传感器　　　B. 数字传感器　　　C. 膺数字传感器　　　D. 开关传感器

5. （判断题）磁电传感器是利用电磁感应原理，将输出运动速度变换成感应电势输入的传感器。（　　）

◎ 任务评价

根据考核内容，学生完成自我小结并进行自评打分，教师根据学生活动情况进行点评并完成教师打分，最后按学生自评分×40%+教师评分×60%计算得分。

考核评价表

模块三		项目一　认识矿用传感器		
班级		姓名		
评价类别	考核内容	分数	学生自评分	教师评分
知识目标	了解矿用传感器的基本原理及组成	10		
	了解矿用传感器的性能指标	10		
能力目标	能叙述传感的组成及基本原理	20		
	能对矿用传感器进行分类	20		
	能叙述矿用传感器的性能指标	20		
素质目标	培养学生坚持"安全第一、预防为主、综合治理"的方针，树立责任意识，通过学习达成求实的科学态度	20		
	小计	100		

项目二　矿用传感器安全要求

◎ 学习目标

☞ 知识目标

（1）了解甲烷传感器的分类及技术特性。

（2）了解一氧化碳等传感器的功能及特性。

☞ 能力目标

（1）能叙述甲烷传感器的分类及特性。

（2）能叙述一氧化碳传感器的工作原理。

（3）能叙述温度、风速、负压传感的特性。

☞ 素质目标

培养学生安全责任感，增强规划意识和责任意识。

◎ 案例导入

2022年4月7日12时35分，贵州某突出煤矿11208采煤工作面3名检修人员违反作业规程要求（安设喷雾装置降尘），使用压风管对支架和采面刮板输送机机尾电机、减速箱粉尘时，造成上隅角T_0甲烷传感器超限报警。

◎ 知识链接

知识点一　甲烷传感器的分类及技术特性

甲烷传感器是连续监测矿井环境中甲烷浓度的装置，具有显示和声光报警功能。目前煤矿使用的甲烷传感器主要有载体催化式低浓度甲烷传感器、热导式高浓度甲烷传感器、煤矿用高低浓度甲烷传感器、非色散红外甲烷传感器和激光甲烷传感器几类。根据使用场所、测量范围和测量精度等要求的不同，应选择不同检测原理的甲烷传感器。

一、载体催化式甲烷传感器

1. 载体催化式甲烷传感器的测量原理

载体催化式甲烷传感器是我国煤矿安全监控系统普遍采用的检测井下甲烷气体浓度的仪器。载体催化式甲烷传感器主要靠传感器进气嘴中的载体催化（黑白）元件进行检测工作。黑白元件由一个带催化剂的检测元件（俗称黑元件）和一个不带催化剂的补偿元件（俗称白元件）组成，黑白元件的结构、尺寸完全相同，但白元件表面没有催化剂，仅仅给黑元件作为环境温度补偿使用。这两个元件以铂丝为材料作为电阻和电路板上的另外两个固定电阻构成一个电桥电路，正常情况下，在无瓦斯环境中电桥处于平衡状态，传感器显示为零；在有瓦斯的环境中，黑元件在催化剂的作用下发生无焰燃烧，温度升高，黑元件铂丝线圈电阻增大，在0~4.00%的甲烷浓度范围内，电阻变化值与甲烷浓度值成线性变化，此时黑元件电阻变化使电桥失去平衡，传感器显示一个相应的数值，即可定义为相应的甲烷浓度值。当然，在工作现场由于环境温度的变化也会使黑元件铂丝线圈电阻发生变化，为克服环境温度变化对甲烷浓度测量的影响，在电桥电路中引入了与黑元件结构、尺寸完全相同的白元件。白元件表面没有催化剂，遇到瓦斯表面不会燃烧，白元件铂丝线圈电阻变化仅与环境温度有关，进而起到抵消黑元件受环境温度变化影响的作用，保证甲烷传感器在各种环境温度下的正常检测使用。

2. 载体催化式甲烷传感器的技术要求

在甲烷浓度超过上限测量范围时，载体催化式甲烷传感器具有保护载体催化元件的功能，传感器的显示值和输出信号值均维持在甲烷超限状态。报警点可在测量范围内任意设置，报警显示值与设定值的差值不超过±0.05% CH_4，正常工作时其指示值的漂移量不超过±0.10% CH_4。

当甲烷浓度在0~4.00%范围内，且保持恒定时，传感器的显示值或输出信号值的变化量不超过0.04%，传感器响应时间是指甲烷浓度发生阶跃变化时，输出达到稳定值90%的时间，其值不大于20s。

3. 载体催化式甲烷传感器的特点

优点：检测反应速度快，检测精度高，可连续监测，操作方便，读数直观。

缺点：只能用于低浓度（0~4.00%）甲烷检测，而且检测元件的灵敏度容易降低，15 d 就需要进行调校，寿命较短。

二、热导式甲烷传感器

热导式甲烷传感器主要用于高瓦斯采掘工作面和甲烷抽采管道中的甲烷浓度监测。

1. 热导式甲烷传感器的测量原理

利用甲烷的热导率高于新鲜空气的热导率，通过热敏检测元件测量含有甲烷的混合气体的热导率变化，从而测得甲烷的浓度。

热导式甲烷传感器内部有一个参比区域和一个测量区域，两个区域内部均缠绕着细铂丝，在参比区域内密封着参比（基准）气体，而测量区域可以进入待测的气体。两个元件上的铂丝与外部定值电阻组合，形成电桥回路，恒定电流分别流过各铂丝使之发热，若测量区域中的待测组分发生浓度变化，则测量区域中的热导率会随之变动，从而使两个元件上铂丝的温度发生变化，导致元件的阻值出现差异，电桥失去平衡，有信号输出。甲烷浓度越大，温差就越大，阻值相差越大，电桥输出信号越大。根据输出信号的大小，计算出甲烷气体的浓度。

2. 热导式传感器的技术要求

热导式甲烷传感器的测量数值采用数字显示，以百分体积浓度表示，测量分辨率不低于 $0.1\%CH_4$，在 20 m/s 流速条件下，其指示值漂移量不大于 $±0.1\%CH_4$，响应时间不大于 30 s。

3. 热导式甲烷传感器的优缺点

优点：检测范围大，寿命长。目前主要用于高浓度甲烷的检测。

缺点：受其他气体和气室结构的影响，检测精度低。

三、煤矿用高低浓度甲烷传感器

将煤矿用载体催化与热导检测元件组合进行甲烷浓度监测的传感器，称为高低浓度甲烷传感器。这种传感器应用转换电路实现两种检测元件在不同的检测条件下工作。在 $0~4\%CH_4$ 时，使用载体催化式测量；在 $4\%~100\%CH_4$ 时，使用热导式测量并闭锁载体催化式测量以防激活。

煤矿用高低浓度甲烷传感器是用于高瓦斯矿井和煤与瓦斯突出矿井井下甲烷气体监测的仪器。目前我国煤矿常用的高低浓度甲烷传感器有 KG9701 型智能高低浓度甲烷传感器、KG9001B 型智能高低浓度甲烷传感器、AWJ-90A 型高低浓度甲烷传感器等多种型号。

高低浓度传感器显示值的稳定性在 $0~4\%CH_4$ 范围内，甲烷浓度恒定时，传感器显示值或输出信号值变化量不超过 0.04%；在 $4\%~100\%CH_4$ 范围内，甲烷浓度恒定时，传感器显示值或输出信号值变化量不超过 0.4%。

传感器催化元件和热导元件转换时不可避免出现附加误差，转换点的附加误差不超过 $1.00\%CH_4$。传感器的响应时间不超过 20s。

四、非色散红外甲烷传感器

非色散红外甲烷传感器是新一代甲烷浓度测量仪器，适用于煤矿作业场所、瓦斯抽采（放）泵站等危险场所的甲烷气体浓度检测。测量量程有 $0~10\%CH_4$ 和 $0~100\%CH_4$ 两种。

红外甲烷传感器按用途可分为 A、B、C3 类。A 类传感器用于环境监测，测量范围 0~10% CH_4；B 类传感器用于环境监测，测量范围 0~100% CH_4；C 类传感器用于瓦斯抽采（放）管道监测，测量范围 0~100% CH_4。

1. 非色散红外甲烷传感器的测量原理

测量气体分子的光吸收谱是气体种类识别和气体分子浓度测定的有效手段。甲烷对 3.33 μm 波长的红外光有一极强的吸收峰，利用这一特性可测量甲烷浓度。当红外光通过待测气体时，甲烷气体吸收 3.33 μm 波长的红外光，红外光经过晶体滤光片后，被红外检测器接收，利用相关电路处理可对甲烷气体的浓度进行检测。

2. 非色散红外甲烷传感器的主要技术要求

（1）输出信号制式。电流型：直流 1~5 mA，4~20 mA；频率型：200~1000 Hz，200~2000 Hz；数字信号型：传输速率为 1200 bps、2400 bps、4800 bps、9600 bps，电平不小于 3.0 V。

（2）测量数据显示。传感器以百分体积浓度表示测量数据并用数字显示。测量范围在 0~10% CH_4 时，其分辨率不低于 0.01% CH_4；测量范围在 10%~100% CH_4 时，其分辨率不低于 0.1% CH_4。

（3）显示值稳定性。测量范围在 0~10% CH_4，甲烷浓度恒定时，传感器显示值与输出信号值（换算成甲烷浓度）变化量不超过 0.04% CH_4；测量范围在 10%~100% CH_4，甲烷浓度恒定时，传感器显示值与输出信号值（换算成甲烷浓度）变化量不超过 0.4% CH_4。

（5）工作稳定性。传感器连续工作 60 d 内，应符合基本误差的要求。

（6）响应时间。A、B 类传感器应不大于 25 s，C 类传感器应不大于 50 s。

（7）传输距离。传感器传输距离不小于 2 km。

3. 非色散红外甲烷传感器的优缺点

优点：检测精度高，稳定可靠（60 d），无中毒现象。

缺点：抗潮湿性差。

非色散红外甲烷传感器使用方便，可直接用来替代载体催化元件，广泛应用于存在可燃性、爆炸性气体的各种场合。

五、激光甲烷传感器

1. 激光甲烷传感器的原理

激光甲烷传感器利用可调谐激光光谱吸收检测方法作为传感器设计原理，光源的调制采用的是三角波信号叠加电流驱动激光器，运用正弦波调制信号检测甲烷浓度；在近红外范围内，甲烷气体吸收效果最强的谱线为 1653 nm 附近。

当激光通过待测气体时，甲烷气体在 1653 nm 谱线附近的吸收效果最强，被激光检测器接收，利用锁相放大技术对甲烷气体的浓度进行检测。

2. 激光甲烷传感器的主要技术参数

（1）测量范围：0~100% CH_4。

（2）响应时间：不大于 25 s。

（3）工作电压：直流 9~24.5 V。

（4）工作电流：不大于 120 mA。

3. 激光甲烷传感器的优缺点

优点：测量精度高，稳定性好（半年以上），无中毒现象，抗潮湿性强。

缺点：价格贵。

知识点二　一氧化碳传感器功能及特性

矿用一氧化碳传感器是采用电化学元件制成的固定式智能一氧化碳测量仪表，适用于煤矿井下各工作场所测量空气中一氧化碳浓度。仪器具有红外线遥控功能，超限声、光报警功能，超限断电指令输出功能。仪器具有检测精度高，调校简单，工作稳定等特性，可以和其他监控系统配套使用。

一、电化学式一氧化碳传感器的工作原理

电化学式一氧化碳传感器的敏感元件由透气膜、阳极、阴极及电解液等组成。当一氧化碳气体经过透气膜扩散进入阳极，在催化剂的作用下与电解溶液中的水发生氧化反应，同时放出电子。而在阴极上，氧气透过透气膜到达催化层，在催化剂作用下与电解溶液中的氧离子发生阴极还原反应，此时将有反应电流通过，电流强度与一氧化碳浓度成正比，据此测量一氧化碳气体的浓度。

二、一氧化碳传感器的主要技术要求

电化学式一氧化碳传感器量程范围有 $0 \sim 100 \times 10^{-6}$、$0 \sim 500 \times 10^{-6}$、$500 \times 10^{-6}$ 以上等几种；采用数字显示，以 10^{-6} 单位表示测量值，分辨率不低于 1×10^{-5}。量程为 $0 \sim 100 \times 10^{-6}$ 的一氧化碳传感器，一氧化碳浓度恒定时，传感器显示值或输出信号值变化量不超过 2×10^{-6} 一氧化碳；量程为 $0 \sim 500 \times 10^{-6}$ 的一氧化碳传感器，一氧化碳浓度恒定时，传感器显示值或输出信号值变化量不超过 4×10^{-6} 一氧化碳。

传感器应具有避免因断电而影响电化学敏感元件工作稳定的措施；传感器响应时间不大于 35 s。矿用一氧化碳传感器的基本误差应满足表 3-3~表 3-5 的要求。

表3-3　矿用一氧化碳传感器量程为 $0\sim100\times10^{-6}$ 时的基本误差

测量范围/$\times 10^{-6}$	基本误差/$\times 10^{-6}$	
	绝对误差	相对误差
0~20	±2	
20~100	±4	

表3-4　矿用一氧化碳传感器量程为 $0\sim500\times10^{-6}$ 时的基本误差

测量范围/$\times 10^{-6}$	基本误差/$\times 10^{-6}$	
	绝对误差	相对误差
0~100	±4	
100~500		测量值的±5%

表 3-5　矿用一氧化碳传感器量程为大于 $500×10^{-6}$ 时的基本误差

测量范围/$\times 10^{-6}$	基本误差/$\times 10^{-6}$	
	绝对误差	相对误差
0~100	±4	
100~500		测量值的±5%
>500		测量值的±6%

三、GTH1000（A）矿用一氧化碳传感器

GTH1000（A）矿用一氧化碳传感器（以下简称一氧化碳传感器）是矿用连续检测矿井下一氧化碳浓度的高精度仪表。一氧化碳传感器能够实时地测量并且显示矿井下的一氧化碳浓度，而且根据浓度值的大小产生声光报警信号，并且输出与一氧化碳浓度相对应的数字信号。

1. 使用环境条件

一氧化碳传感器在下列环境条件下应能正常工作。

（1）环境温度：0~40 ℃。

（2）湿度：≤98%RH。

（3）大气压力：80~110 kPa。

（4）无显著震动、冲击和淋水的场合。

（5）风速：0~8 m/s。

（6）煤矿井下具有甲烷混合物的爆炸性气体混合物，但无破坏绝缘的腐蚀性气体的场合。

2. 主要技术指标

（1）工作电压：9~24 V。

（2）工作电流：≤100 mA。

（3）遥控距离：不小于 5 m。

（4）通气流量：200 mL/min。

3. 量程范围

（0~1000）$\times 10^{-6}$。

4. 数字传输信号

（1）传输方式：RS485。

（2）传输端口：1 路。

（3）传输速率：2400 bps。

（4）显示分辨率：1×10^{-6}。

知识点三　温度传感器

矿用温度传感器是连续监测矿井环境温度高低的装置，用于矿井环境温度监测的传感

器主要有热电偶、热电阻、热敏电阻、半导体 PN 结、红外热辐射探测器、热噪声、光纤等类型。

一、矿用温度传感器的测量原理

1. 热电偶、热电阻温度传感器

1）热电偶温度传感器

将两种不同材质的金属 A 和 B 相连接，组成一个闭合回路，构成感温元件。当金属 A 和 B 的两个接点（冷端和热端）之间存在温差时，就在两者之间产生电动势，在回路中形成电流，此种现象称为热电效应。热电偶温度传感器就是利用这一效应工作的。

2）热电阻温度传感器

电阻随温度的变化而变化的现象称为热电阻效应。利用此效应制成的金属热电阻和半导体热敏电阻，用于温度测量，分别称为热电阻温度传感器和热敏电阻温度传感器。按电阻温度特性的不同（由材料的温度系数决定），热敏电阻可分为负温度系数（NTC）和正温度系数（PTC）两大类。

2. 半导体温度传感器

用半导体材料制成的 PN 结型温度传感器称为半导体 PN 结温度传感器。这种温度传感器具有体积小、响应快，在一定范围内线性度较好、功耗低、抗干扰能力强等优点，因而在煤矿井下比较恶劣的环境条件下得到了较好的推广应用。例如，与监控系统配套使用的 KG3004 型、KG3007 型温度传感器和 KG9301 型温湿度组合式传感器等，都是采用半导体 PN 结为敏感元件的矿用温度传感器。

3. 红外、热噪声及光纤温度传感器

1）红外测温传感器

红外测温传感器具有测量灵敏度高、反应速度快、测温范围广、非接触式测温、不影响被测介质的温场分布等优点，在矿井火灾监测与预报、设备温升测量等方面具有很好的应用前景。

2）热噪声测温传感器

电阻体所产生的约翰逊噪声与该电阻体所处热力学温度密切相关，热噪声功率与温度呈线性关系。英国已有用于煤矿井下的热噪声测温传感器，主要用于对火灾温度进行监测。

3）光纤测温传感器

接触式光纤温度传感器基于各种不同的光学现象或光学性质实现温度测量，如光强变化、干涉现象、折射率变化、透光率变化、荧光辐射等。半导体感温元件的透射光强随被测温度的增加而减少。在光导纤维的一端输入恒定光强的光源，因半导体的透射能力随被测温度的变化而改变，故在光导纤维的另一端接收元件所接收的光强也将随温度的变化而变化。通过测量接收元件的输出电压，便可遥测传感器所在位置的温度。

二、矿用温度传感器的主要技术要求

（1）量程：优选 $-20 \sim 60$ ℃、$-10 \sim 70$ ℃、$0 \sim 40$ ℃、$0 \sim 100$ ℃。

(2) 基本误差：显示误差≤±2.5%（F.S），输出误差≤±2.5%（F.S）。
(3) 工作电压：9~24 V DC。
(4) 工作电流：≤200 mA DC。
(5) 传输距离：≤2 km。
(6) 输出信号制式：

①电流型，直流 1~5 mA，4~20 mA；②频率型，200~1000 Hz，脉冲宽度≥3 ms，脉冲幅度为高电平时不小于 3.0 V，低电平时不小于+0.5 V；③数字信号型，传输速率为 1200 bps，2400 bps，4800 bps，9600 bps，脉冲幅度为高电平时不小于 3.0 V、低电平时不小于+0.5 V。

(7) 响应时间：≤10 s。
(8) 工作稳定性：≥15 d。
(9) 绝缘电阻：传感器本安端与外壳之间，常态下其绝缘电阻应不小于 50 MΩ。

三、KGW10 型温度传感器

KGW10 型温度传感器是由嵌入式单片机控制的智能仪表。该传感器采用本安电路设计，适用于煤矿井下或地面有瓦斯爆炸气体环境中，能够对管道介质温度、环境温度以及机电设备轴承温度进行连续检测。它也可与 KJ10、A-1、KJ4、KJ2000 等型号矿井监测系统配套使用。

该仪器具有检测灵敏度高、稳定性好、测量范围宽、兼容性好以及非线性补偿、灵敏度校正、参数显示等优点。

1. KGW10 型温度传感器的特点
(1) 采用新型传感元件，使用寿命长，仪器性能稳定。
(2) 采用红外遥控调零点、灵敏度、报警点，校调简单。
(3) 对采集数据进行科学数值滤波分析，对传感元件灵敏度进行多点线性化处理，提高传感器的测量精度。

2. 矿用温度传感器主要技术参数
(1) 测量范围：0~100 ℃。
(2) 测量误差：±0.2 ℃。
(3) 工作电压：18 V。
(4) 工作电流：<50 mA。
(5) 防爆型式：矿用本质安全型。
(6) 防爆标志：Exib Ⅰ（150 ℃）。

知识点四　风速传感器

风速传感器是用来测量风速的设备，外形小巧轻便，便于携带和组装。按照工作原理可粗略分为机械式风速传感器、超声波式风速传感器。风速传感器能获得风速信息，壳体采用铝合金型材或聚碳酸酯复合材料，防雨水、耐腐蚀、抗老化，是一种使用方便，安全可靠的智能仪器仪表。

一、分类及特点

机械式风速传感器是指空气流动产生的风力推动传感器旋转，中轴带动内部感应元件产生脉冲信号，在风速测量范围内，风速与脉冲频率成一定的线性关系，可据此推算风速。

超声波式风速传感器是指空气流动通过传感器探头测量区域，区域内设有2对超声波探头（一般成"+"字交叉排列），通过计算超声波在两点之间的传输的时间差，就可以计算出风的速度，这种方式可以避免温度对声速带来的影响。

二、GFY15X矿用双向风速传感器

GFY15X矿用双向风速传感器是适用煤矿井下通风巷道、风口、通风机井口等处测量风流速度的固定式本质安全型传感器。该传感器采用压差原理，具有可靠性高、工作温度范围宽、准确度高等优点。传感器电路采用单片机电路设计，能就地显示风速值，并有多种输出信号制式，供远程采集。传感器的电源电路采用开关电源，整机功耗低，有利于提高分站和传感器之间的传输距离。传感器能遥控调校零点和灵敏度，并具有故障自检功能。

1. GFY15X矿用双向风速传感器的特点
（1）采用单片机和集成电路，电路结构简单，便于维修和调试。
（2）采用敏感元件，测量范围广、精度高、长期稳定性好。
（3）可测量风速，并同时输出相应信号。
（4）采用开关电源，降低了整机功耗，增加了传感器传输距离，本安参数小，兼容性好。
（5）支持多种信号传输方式（频率、RS485），有效地屏蔽信号传输的电磁干扰。
（6）具备故障自检功能，便于使用与维护。
（7）防护等级：IP65，外壳采用不锈钢材料设计，增强了传感器的抗冲击和抗腐蚀能力。

2. GFY15X矿用双向风速传感器主要技术参数
（1）额定工作电压：9~25 V DC。
（2）测量范围：0.3~15 m/s。
（3）基本误差：±0.2 m/s。
（4）信号输出制式：RS485为主，多种分段频率为辅。

知识点五 矿用负压传感器

矿井风压是矿井通风的一个重要参数，通过对风压的连续监测，可为矿井的通风管理、风量的调配等通风安全工作及时提供必要的数据。

在矿井均压灭火技术中，密闭空间内外的压力差是灭火工作中最主要的一个参数，它的连续监测对防灭火工作十分必要。煤矿中还需监测瓦斯抽放泵的工作压力、井下主要风门两端的压力等，这时均需使用负压传感器。

一、KG4003A 型矿井负压传感器

KG4003A 型矿井负压传感器可与多种监控系统配套使用，能实现对矿井风压、风门、密闭通风巷道等的差压监测。

1. KG4003A 型负压传感器的工作原理

KG4003A 型负压传感器的差动变换器（探头）由差压膜盒与差动变压器组成。差动变压器由一个可以移动的铁芯、一个初级线圈和两个次级线圈组成。

当铁芯处于两个次级线圈的中心位置时，两个线圈的感应电压相等，$U_{m2} = U_{m3}$；若铁芯移动，则 $U_{m2} \neq U_{m3}$，其差值输出随位移量的变化而增加。

铁芯的位移由弹性元件-差压膜盒产生，差动变压器的活动铁芯与膜盒的中间硬芯部分连接。当压力发生变化时，膜盒产生一个轴向的位移，其位移量的大小正比于外加压力。这样，当压力发生变化时引起差动变压器的次级电压变化，从而完成了压力-电量的转换过程。

差压变换器是传感器的核心部分，差压膜盒与差动变压器封装在一个容器内，留出两个压力输入孔，以传递外部的压力。由正压输入口与负压输入口加入压力时，差压膜盒则产生相应的轴向位移。

2. KG4003A 型矿井负压传感器的主要技术指标

（1）测量范围：0~500 Pa。
（2）精度：满量程的±2%。
（3）输出信号：1~5 mA DC；200~1000 Hz。
（4）供电电源：本安型，12~24 V DC。
（5）最大工作电流：100 mA。
（6）使用环境：温度为 0~40 ℃；相对湿度不大于95%。
（7）显示方式：3 位 LED 数字显示。
（8）分辨率：10 Pa。
（9）防爆标志：Exib Ⅰ。

二、KGY3A 型矿用负压传感器

KGY3A 型矿用负压传感器用于连续测量矿井下的负压，具有多种标准信号制式输出，联检后能与各种煤矿安全及生产监测监控系统配套使用。KGY3A 型矿用负压传感器采用高灵敏度微型硅压力传感元件，具有精度高、稳定可靠、使用方便等特点。

KGY3A 型矿用负压传感器技术参数如下：

（1）防爆型式：矿用本质安全型（Exib Ⅰ）。
（2）量程：0~5 kPa。
（3）基本误差：±2%（满量程）。
（4）输出信号：
KGY3A-1 型：200~1000 Hz 频率（负载电阻大于 1.5 kΩ 时，输出高电平大于 3 V）；
KGY3A-2 型：1~5 mA，负载电阻 0~500 Ω；
KGY3A-3 型：RS 485 接口，通信波特率 1200 bps。

(5) 工作电压：直流 9~24 V。
(6) 工作电流：不大于 60 mA。
(7) 外形尺寸：260 mm×135 mm×68 mm。
(8) 重量：1 kg。

知识点六　设备开停传感器

开停传感器把检测到的开停信号以±5 mA 的恒流（分别对应于开停状态）或以继电器触点信号的形式传输给监控分站，为了解矿井主要设备的运行状态、运转时间长短、统计设备利用率提供依据。该传感器适用于各种类型交流驱动的用电设备。在供电电流不小于 10 A 的情况下，均可检测出设备的开停状态。

矿用设备开停传感器主要用于监测煤矿井下各种机电设备（如采煤机、掘进机、提升机、带式输送机、通风机、泵站等）的开停状态，并把监测到的设备开停信号转变为标准的信号传输给煤矿安全监控系统，实现煤矿主要机电设备的集中自动监测，随时全面了解全矿机电设备的运行状况。机电设备开停传感器分为辅助触点型和电磁感应型 2 种。

一、设备开停传感器的工作原理

1. 辅助触点型设备开停传感器的工作原理

辅助触点型设备开停传感器是利用机电设备的接触器或中间继电器的辅助触点，由其闭合状态来反映机电设备开停状态。所用的辅助触点可以是常开的也可以是常闭的，使用触点型设备时应注意本质安全电路与非本质安全电路的隔离。

2. 电磁感应型设备开停传感器的工作原理

电磁感应型设备开停传感器是通过测量机电设备的供电电缆周围有无电磁场存在，间接地监测设备的工作状态。将传感器安装在供电电缆上，当电气设备工作时，电缆中就有电流，传感器的检测线圈就能测得微弱电磁感应信号，再经过放大和转换就可以得到反映机电设备工作状态的电信号。

开停传感器由检测线圈、放大检波、信号变换及信号输出等环节组成，如图 3-3 所示。

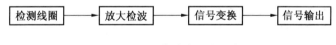

图 3-3　开停传感器的组成

一般机电设备由三相供电，利用传感器的电感线圈贴近电缆中一相芯线，即可测得微弱的磁感应信号，该信号经放大检波、信号变换及信号输出等环节，将设备开/停信息传给分站，再由分站传至地面。

二、设备开停传感器的主要技术要求

(1) 供电电源：15 V DC。
(2) 最大工作电流：30 mA。
(3) 输出信号恒流：±5 mA（"+"为开，"-"为停）。

(4) 输出信号负载阻抗：一般应不小于 1 kΩ。

(5) 防爆型式：矿用本质安全型，防爆标志：Exib I。

三、GT-L（A）型设备开停传感器

GT-L（A）型设备开停传感器是一种用于监测煤矿井下机电设备（如主要通风机、水泵、局部通风机、采煤机、运输机、提升机等）开停状态的固定式监测仪表，具有将检测到的设备开停状况转换成标准信号并传送给矿井生产安全监测系统，最终实现矿井机电设备开停状态自动监测、控制的功能。

1. 结构特征

GT-L（A）型设备开停传感器属支架型结构，正面设有设备开停状态指示窗，其外形结构如图 3-4 所示。

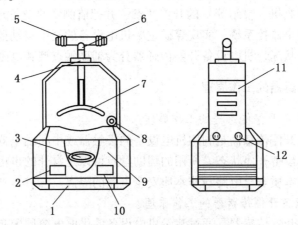

1—下盖；2—EX 标志；3—显示窗；4—支架螺杆固定块；
5—支架提手柄；6—支架螺杆；7—支架电缆块；8—支架提手绞链；
9—上盖；10—MA 标志；11—支架提手；12—螺母

图 3-4 GT-L（A）型设备开停传感器外形图

2. 主要技术参数

（1）工作温度：0~40 ℃。

（2）相对湿度：≤95%。

（3）大气压力：80~106 kPa。

（4）机械环境：无显著震动和冲击的场合，有煤尘和瓦斯存在的场所。

（5）防爆形式：矿用本质安全型。

（6）防爆标志：Exib I。

（7）工作电压：12~24 V DC。

（8）工作电流：≤80 mA DC。

（9）传输距离：传感器至分站电源箱之间的信号最大传输距离 2 km。

◎ 知识加油站

使用移动端识别二维码，学习设备开停传感器的定义。

视频 设备开停
传感器定义

◎ 任务实施

【任务要求】

矿用传感器是连续监测矿井环境中各类物理参数的装置。在使用过程中必须遵守相关安全技术要求，才能保证其稳定可靠运行，请对甲烷传感器的分类及特性，一氧化碳传感的工作原理，温度、风速、负压传感的特性进行整理，并根据引导问题逐步学习、研讨，最终以 PPT 形式汇报成果。

【任务计划与实施】

引导问题 1：请整理甲烷传感器的分类及特性。

引导问题 2：请列出一氧化碳传感器的工作原理和主要性能。

引导问题 3：请整理温度、风速、负压传感器的特性。

◎ 思政小课堂

瓦斯爆炸是煤矿最严重的事故之一，会造成人员伤亡和重大经济损失。甲烷传感器是监测煤矿甲烷浓度的主要仪器，随着计算机技术和网络通信技术的发展，甲烷传感器已经由传统的模拟器件向数字化器件发展。通过学习传感器的工作原理，掌握传感器安装、使用和维护，帮助学生树立规范操作、认真细致的工作态度。

◎ 任务考核

1. （多选题）目前煤矿使用的甲烷传感器主要有（　　）。

A. 载体催化式低浓度甲烷传感器　　　　B. 热导式高浓度甲烷传感器
C. 煤矿用高低浓度甲烷传感器　　　　　D. 非色散红外甲烷传感器
E. 激光甲烷传感器

2. （单选题）热导式甲烷传感器的测量数值采用数字显示，以百分体积浓度表示，测量分辨率不低于 0.1% CH_4，在 20 m/s 流速条件下，其指示值漂移量不大于±0.1% CH_4，响应时间不大于（　　）。

  A. 15 s   B. 30 s
  C. 45 s   D. 60 s

3. （单选题）将两种不同材质的金属 A 和 B 相连接，组成一个闭合回路，构成感温元件。当金属 A 和 B 的两个接点（冷端和热端）之间存在温差时，就在两者之间产生电动势，在回路中形成电流，此种现象称为（　　）。

  A. 补偿   B. 热敏效应
  C. 热电效应   D. 电源激励

4. （判断题）在甲烷浓度超过上限测量范围时，具有保护载体催化元件的功能，此时传感器的显示值和输出信号值均维持在甲烷超限状态。（　　）

5. （判断题）模拟传感器是将被测量的非电学量转换成模拟电信号。（　　）

◎ **任务评价**

  根据考核内容，学生完成自我小结并进行自评打分，教师根据学生活动情况进行点评并完成教师打分，最后按学生评分×40%+教师评分×60%计算得分。

考核评价表

模块三		项目二 矿用传感器安全要求		
班级			姓名	
评价类别	考核内容	分数	学生自评分	教师评分
知识目标	了解甲烷传感器的分类及技术特性	10		
	了解一氧化碳等传感器的功能及特性	10		
能力目标	能叙述甲烷传感器的分类及特性	20		
	能叙述一氧化碳传感器的工作原理	20		
	能叙述温度、风速、负压传感器的特性	20		
素质目标	培养学生安全责任感，增强安全意识、规则意识和责任意识	20		
	小计	100		

项目三 矿用传感器的日常维护

◎ 学习目标

☞ 知识目标

(1) 了解甲烷传感器的标校方法。

(2) 了解传感器常见故障的处理方法。

☞ 能力目标

(1) 能对甲烷传感器进行标校。

(2) 能识别矿用传感器常见故障。

(3) 能排除矿用传感器常见故障。

☞ 素质目标

培养学生树立安全发展理念,提高责任意识,通过学习养成求实的科学态度。

◎ 案例导入

2011年1月15日8点班13时4分,某煤矿综采一队电工周小康在40108回风巷将顶钩上电缆向下移时,拉断工作面甲烷、温度传感器监测主线,未向通风调度汇报,私自进行处理,因接线错误,将温度与甲烷线序接反,造成地面中心站显示工作面甲烷传感器报警,随后瓦斯监测工到位后瓦斯处理正常。

2022年7月,国家矿山安全监察局山西局煤矿安全监察行政处罚决定信息显示,某煤矿甲烷传感器未按规定标校造成误报警,行政处罚决定处罚款人民币贰万元整。

◎ 知识链接

知识点一 甲烷传感器的标校

一、在用甲烷传感器调校方法

1. 调校间隔及器材

(1) 在用低浓度载体催化式甲烷传感器每隔15 d至少调校1次。

(2) 调校器材包括:1%~2%CH_4校准气体、配套的减压阀、气体流量计和橡胶软管、空气样等。

2. 调试程序

(1) 空气样用橡胶软管连接传感器气室;调节流量控制阀把流量调节到传感器说明书规定值;调校零点,范围控制在0~0.03%CH_4之内。

(2) 校准气瓶流量计出口用橡胶软管连接传感器气室;打开气瓶阀门,先用小流量向传感器缓慢通入1%~2%CH_4校准气体,在显示值缓慢上升的过程中,观察报警值和断电值;然后调节流量控制阀把流量调节到传感器说明书规定的流量,使其测量值稳定显示,持续时间大于90 s;使显示值与校准气浓度值一致;若报警设定值与报警时的示值差超过±0.1%,应更换传感器,预热后重新测试。

(3) 在通气的过程中,观察报警值、断电值是否符合要求,注意声光报警和实际断电情况；当显示值小于 1.0%CH$_4$ 时，测试复电功能。

（4）测试结束后关闭气瓶阀门。

3. 填写记录并签字

填写调校记录，测试人员签字。

二、新甲烷传感器使用前调校方法

1. 调校时间及器材

（1）新甲烷传感器使用前应调校。

（2）调校仪器及器材包括：载体催化式甲烷测定器检定装置、秒表、温度计、校准气（0.5%、1.5%、2.0%、3.5%CH$_4$）、直流稳压电源、万用表、声级计、频率计、系统分站等。

2. 调试程序

（1）检查甲烷传感器外观是否完整，清理表面及气室积尘。

（2）甲烷传感器与分站连接，通电预热 10 min。

（3）在新鲜空气中调仪器零点，零值范围控制在 0~0.03%CH$_4$ 之内。

（4）按说明书要求的气体流量，向气室通入 2.0%CH$_4$ 校准气，调校甲烷传感器精度，使其显示值与校准气浓度值一致，反复调校，直至准确；在基本误差测定过程中不得再次调校。

（5）基本误差测定：按校准时的流量依次向气室通入 0.5%、1.5%、3.5%CH$_4$ 校准气，持续时间分别大于 90s，使测量值稳定显示，记录传感器的显示值或输出信号值（换算为甲烷浓度值）。重复测定 4 次，取其后 3 次的算术平均值与标准气样的差值，即基本误差。

（6）在每次通气的过程中同时要观察测量报警点、断电点、复电点和声光报警情况。以上内容也可以单独测量。

（7）声光报警测试：报警时报警灯应闪亮，声级计距蜂鸣器 1m 处，对正声源，测量声级强度。

（8）测量响应时间：用秒表测量通入 2.0%CH$_4$ 校准气，显示值从 0 升至最大显示值 90% 时的起止时间。

（9）测试过程中记录分站的传输数据，误差值不大于 0.01%CH$_4$。

◎ 知识加油站

使用移动端识别二维码，查看甲烷传感器的调校方法。

视频 甲烷传感器的调校

知识点二　传感器常见故障及处理

一、GCG1000 粉尘浓度传感器

1. 传感器井下使用时，地址变为默认地址 0

（1）原因：传感器反复重启，导致地址发生复位变为默认地址 0。

（2）处理：排查并解决线路虚接、短接、干扰、供电电压不足等问题，避免传感器反复重启。

2. 传感器安装后，在功能 6 下进行闪烁

（1）原因：在同一分站下有与该传感器地址重复的设备。

（2）处理：修改地址保证同分站下地址唯一。

3. 传感器频率传输时本地显示与上位机软件显示存在 1.25 mg/m³ 及以内误差

（1）原因：采用频率传输会存在传输误差，符合标准要求，为正常现象。

（2）处理：采用总线传输，可以避免传输误差。

4. 传感器采用频率传输时，存在倍频现象

（1）原因：两个传感器用同根电缆，由于采用三线制频率，或者四线制频率按三线制频率接法，在传输过程中，两个频率互相干扰；传输线路上存在其他干扰。

（2）处理：采用独立的四线制频率传输，提高抗干扰能力；查找排除或避开干扰源；采用总线传输。

5. 传感器频率无输出

（1）可能原因：信号输出方式设置错误。

（2）处理：正确设置频率输出方式。

6. 检测中心检验时传感器频率输出跳变严重

（1）可能原因：检测装置采用三线制接法，而传感器频率采用蓝线作为频率输出，信号输出方式不对。

（2）处理：将绿线与地线连接；采用黄线作为三线制频率接入，在功能 4 设置为频率输出。

7. 传感器数码管最后一位小数点常亮

（1）原因：最后一位小数点为在线标校标识，此状态为在线标校状态。

（2）处理：功能 8 中取消或通过上位机软件取消；如当前正在标校，不可取消此标校位。

8. 传感器采用 RS485 接入设备始终与分站不通

处理：首先确认设置为 RS485 输出方式及接线是否正确；请核实协议版本，如协议与接入系统不一致，联系厂家技术人员处理；确认通信收发指示灯状态，如果接收灯不闪烁，表明未接收到分站数据；如果接收灯闪烁，发送灯不闪烁需核实程序版本，核实程序无误后，换传感器试验验证，如仍未解决联系厂家技术人员处理。

9. 传感器正常工作后频繁出现时通时断

（1）可能原因：供电不足引起设备重启；线路虚接或短路；现场干扰。

（2）处理：同一台分站下，多台传感器同时发生重启，应在系统软件中核实电源输出是否保护，如发生保护，则断线由电源保护导致，应核实并排查电源保护原因（负载过多、线路短路、电源故障）。

如同一分站下仅一台传感器时通时断，首先在软件或传感器端核实传感器输入电压，是否满足传感器工作要求，考虑到线路损耗，传感器启动及报警余量，18 V 供电时传感器输入电压应不低于 17 V，24 V 时供电时传感器输入电压应不低于 18 V；如传感器输入电压满足工作要求，则核实线路是否存在虚接或短路情况。

二、KDG15A-I 型远程控制开关

1. 开关不能控制设备开停

(1) 检查供电是否正常。

(2) 检查是否有控制命令输入或控制信号是否加载。

(3) 检查控制输出接点的常开/常闭是否符合要求。

(4) 检查与被控设备的连接是否正确。

2. 接线正确，但控制信号幅度低，使控制不正确或不可靠

(1) 线路太长，压降太大。若是，可加大导线横截面积。

(2) 检查输入信号幅度是否满足要求。

3. 没有馈电状态信号

(1) 本安板 X3 端子"OUT+"和"V-"无高电平信号。

(2) 如果使用高压馈电监测，则检查高压馈电检测输入端（红线和黄线），检查是否有 AC 660 V 电压输入，否则检查无源触点电缆（两根白线）是否接线正确。（注意：井下不允许带电测量，必须带电测量时需有相应的安全措施并报矿安全部门批准）

4. 馈电状态信号时有时无

当无交流电输入时，远动开关遇到外界干扰信号，馈电状态信号出现误动作，一般顺时针调节电位器 W1，使馈电检测灵敏度降低，保证无交流电输入时，无馈电状态信号。

当有交流电 660 V 电压输入时，馈电状态信号无，或时有时无，一般逆时针调节电位器 W1，使馈电检测灵敏度增强，保证有交流电输入时，有馈电状态信号。

三、KGT15 机电设备开停传感器

1. 传感器在安装移动过程中绿灯始终亮

(1) 可能原因：周围磁场太强，灵敏度太高。

(2) 处理：寻找磁场弱的安装位置，降低灵敏度。

2. 传感器在安装移动过程中绿灯始终灭

(1) 可能原因：周围磁场太弱，灵敏度太低。

(2) 处理：寻找磁场强的安装位置，提高灵敏度。

3. 传感器本身开停状态指示灯显示正常，但上位机开停状态不变

(1) 原因：跳线帽未按要求设置。

(2) 处理：按照说明书设置方式设置。

4. 上电后更改了协议拨码后不通信

(1) 原因：更改协议后，没有重新上电。

(2) 处理：重新上电。

5. 传感器采用 RS485 接入设备始终与分站不通

处理：首先确认设置为 RS485 输出方式、接线、短路帽和协议是否正确；如协议与接入系统不一致，联系厂家技术人员处理；确认通信收发指示灯状态，如果接收灯不闪烁，表明未接收到分站数据；如果接收灯闪烁，发送灯不闪烁需核实程序版本，核实程序无误后，换传感器试验验证，如仍未能解决联系厂家技术人员处理。

◎ 知识加油站

使用移动端识别二维码,查看传感器常见故障及处理。

视频 传感器
常见故障
及处理

◎ 任务实施

【任务要求】

矿用传感器在日常使用过程中应加强标校、维护,保持传感器稳定可靠运行,请同学们列出甲烷传感器标校的方法、矿用传感器常见故障的处理方法。根据引导问题逐步学习、研讨,最终以 PPT 形式汇报成果。

【任务计划与实施】

引导问题 1:请整理甲烷传感器标校的方法。

引导问题 2:请列出 GCG1000 粉尘浓度传感器常见故障的处理方法。

引导问题 3:请整理 KGT15 机电设备开停传感器常见故障的处理方法。

◎ 思政小课堂

粉尘是影响矿井安全生产的风险之一,也是威胁矿工生命健康的根源之一。陕西黄陵一号煤矿通过采用粉尘传感器及粉尘浓度超限自动喷洒装置等,实现了立体式全方位综合防尘降尘。通常学习矿用常见传感器故障的处理方法,帮助学生养成爱护仪器仪表、工作认真细致的职业习惯。

◎ 任务考核

1. (单选题)在用低浓度载体催化式甲烷传感器每隔( )至少调校 1 次。

A. 7 d   B. 15 d   C. 20 d   D. 30 d

2. (单选题)在用低浓度载体催化式甲烷传感器调校器材包括( )、橡胶软管、空气样。

A. 1%~2%CH₄校准气体   B. 配套的减压阀
C. 气体流量计   D. 橡胶软管
E. 空气样袋

3. （多选题）GCG1000粉尘浓度传感器正常工作后频繁出现时通时断可能原因有（　　）。

  A. 供电不足引起设备重启   B. 线路虚接或短路
  C. 现场干扰导致   D. 灵敏度太低

4. （多选题）新安装的甲烷传感器在每次通气的过程中同时要观察测量（　　）。

  A. 报警点   B. 断电点   C. 复电点   D. 声光报警情况

5. （判断题）传感器正常工作后频繁出现时通时断，如传感器输入电压满足工作要求，则核实线路是否存在虚接或短路情况。（　　）

◎ **任务评价**

根据考核内容，学生完成自我小结并进行自评打分，教师根据学生活动情况进行点评并完成教师打分，最后按学生自评分×40%+教师评分×60%计算得分。

考核评价表

模块三		项目三　矿用传感器的日常维护			
班级			姓名		
评价类别	考核内容	分数		学生自评分	教师评分
知识目标	了解甲烷传感器的标校方法	10			
	了解传感器常见故障的处理方法	10			
能力目标	能对甲烷传感器进行标校	20			
	能查找矿用传感器常见故障	20			
	能排除矿用传感器常见故障	20			
素质目标	培养学生树立安全发展理念，提高责任意识，通过学习养成求实的科学态度	20			
	小计	100			

模块四　煤矿安全监测监控分站的使用及维护

◎ **模块说明**

监控分站是煤矿监测监控系统的核心，用于接收来自传感器的信号，并按预先约定好的复用方式远距离传送给传输接口，同时，接受来自传输接口多路复用信号的装置。本模块主要学习监控分站的功能和技术要求、KJF130矿用本安型监控分站。

项目一　监控分站的功能和技术要求

◎ **学习目标**

☞ 知识目标

（1）了解煤矿监测监控系统监控分站的功能。

（2）了解煤监测监控系统监控分站的技术要求。

☞ 能力目标

（1）能选择分站并检查其完好性。

（2）能安装监控分站并接入监控系统。

（3）能定义监控分站并实现正常通信。

☞ 素质目标

引导学生深刻理解煤炭行业的职业精神和职业规范，增强职业责任感，培养遵纪守法、爱岗敬业、无私奉献、开拓创新的职业品格和行为习惯。

◎ **案例导入**

2014年11月27日3时52分，贵州省六盘水市某煤矿因井下监控分站电源漏电造成1705工作面区域停电，1705工作面改造巷停风、瓦斯积聚；恢复送电后，采取"一风吹"的方式将1705工作面改造巷内积聚的高浓度瓦斯压出；误启动1705工作面改造巷开口往里4 m位置闲置的风机，变形叶片运转产生摩擦火花，造成瓦斯爆炸，造成11人死亡、8人受伤，直接经济损失3003.2万元。

◎ **知识链接**

知识点一　监控分站的功能

监控分站是煤矿安全监测监控系统的重要设备，是接收来自传感器的信号，并按约定的复用方式远距离传送给传输接口，同时接收来自传输接口的多路复用信号，具有简单的数据处理能力，能够控制执行器工作的设备。

监控分站具有通信、数据采集、显示、控制、初始化参数设置、自诊断及故障指示、备用电源等多种功能。

1. 通信功能

监控分站具有与传输接口双向通信及工作状态指示的功能。

2. 数据采集、显示功能

监控分站具有模拟量采集功能，模拟量输入信号优先采用数字信号和频率型模拟信号；具有甲烷、一氧化碳、风速、风压、温度等模拟量采集和显示功能。

监控分站具有开关量数据采集及显示功能；具有馈电状态、风筒状态、风门开关、烟雾等开关量采集和显示功能。

3. 控制功能

监控分站具有甲烷浓度超限声光报警、断电/复电控制功能及甲烷风电闭锁功能。

（1）甲烷浓度超限声光报警、断电/复电控制功能。甲烷浓度达到或超过报警浓度时，进行声光报警。甲烷浓度达到或超过断电浓度时，切断被控设备电源并闭锁；甲烷浓度低于复电浓度时，自动解锁。

（2）甲烷风电闭锁功能。掘进工作面甲烷浓度达到或超过 1.0% 时，发出声光报警；掘进工作面甲烷浓度达到或超过 1.5% 时，切断掘进巷道内全部非本质安全型电气设备的电路并闭锁；掘进工作面甲烷浓度低于 1.0% 时，自动解锁。

局部通风机停止运转，掘进工作面或回风流中甲烷浓度大于 3.0% 时，应对局部通风机进行闭锁使之不能启动，只有通过密码操作软件或使用专用工具方可人工解锁；当掘进工作面或回风流中甲烷浓度低于 1.5% 时，自动解锁。

与闭锁控制有关的设备（含分站、电源、甲烷传感器、设备开停传感器、断电控制器等）故障或断电时，切断该设备所监控区域的全部非本质安全型电气设备的电源并闭锁。与闭锁控制有关的设备接通电源 1 min 内，应继续闭锁该设备所监控区域的全部非本质安全型电气设备的电源。当与闭锁控制有关的设备工作正常并稳定运行后，自动解锁。严禁对局部通风机进行故障闭锁控制。

4. 初始化参数设置功能

监控分站具有初始化参数设置和掉电保护功能。初始化参数可以通过主站或编程器输入和修改。

5. 自诊断及故障指示功能

监控分站具有自诊断和故障指示功能。

6. 备用电源功能

监控分站有备用电源或外接备用电源。当电网停电后，分站能对甲烷、一氧化碳、风速、风压、温度、局部通风机开停、风筒状态等主要监控量继续监控。

◎ 知识加油站

使用移动端识别二维码，学习监控分站的构成。

视频 监控分站的构成

知识点二　监控分站的技术要求

一、监控分站主要技术指标

1. 模拟量

模拟量数字信号应符合《煤矿用信息传输装置》（MT/T 899—2000）等标准的有关规定。

频率型信号应符合下列要求：频率范围为 200~2000 Hz；在整个频率范围内其正脉冲和负脉冲均不得小于 0.3 ms；有源输出高电平应不小于+0.3 V（输出电流为 2 mA 时），有源输出低电平应不大于+0.5 V（输出电流为 2 mA 时），无源输出截止状态的漏电阻应不小于 100 kΩ，无源输出导通状态的电压降应不大于 0.5 V。

电流型信号范围：1~5 mA 或 4~20 mA。

2. 开关量

开关量数字信号应符合《煤矿用信息传输装置》（MT/T 899—2000）等标准的有关规定。采用双电平和无源输出的开关量信号应符合下列要求：有源输出高电平应不小于+3 V（输出电流为 2 mA 时），有源输出低电平应不大于+0.5 V（输出电流为 2 mA 时），无源输出截止状态的漏电阻应不小于 100 kΩ，无源输出导通状态的电压降应不大于 0.5 V。

3. 模拟量输入与输出处理误差

模拟量输入与输出处理误差应不大于 0.5%。

4. 系统信号传输

监控分站与传输接口、分站与分站之间信号传输应符合《煤矿用信息传输装置》（MT/T 899—2000）等标准的有关规定。

5. 控制执行时间

监控分站控制执行时间应满足有关要求。监控分站甲烷浓度超限断电及甲烷风电闭锁的控制执行时间不大于 2s。

6. 调节执行时间

调节执行时间应满足有关要求。

7. 最大传输距离

传感器、执行器至分站之间的最大传输距离应不小于 2 km；分站至传输接口、分站至分站之间的最大传输距离不小于 10 km。

8. 最大监控容量

监控分站所能接入的传感器、执行器的数量宜在 2、4、8、16、32、64、128 中选取。

9. 备用电源连续工作时间

电网停电后，备用电源连续工作时间应不小于 2 h。

10. 安全标志

防爆型分站和矿用一般型分站应具备 MA 安全标志。

11. 平均无故障时间

监控分站的平均无故障时间（MTBF）应不小于 1000 h。

◎ **任务实施**

【任务要求】

随着监测监控系统的不断升级与发展，监测监控系统的功能不断丰富，技术要求也不断提高，请同学们搜索我国常见的监控分站型号，分析产品的特点。根据引导问题逐步学习、研讨，最终以产品说明书的形式汇报成果。

【任务计划与实施】

引导问题 1：常见的监测监控系统厂家都有哪几家？他们的产品型号分别是什么型号？

引导问题 2：请结合不同厂家监控系统分站型号制作产品说明书？

◎ 思政小课堂

通过学习监控分站的功能及技术要求，加深同学们对监控分站的认识理解煤炭行业以人为本、安全第一的发展理念。通过解读我国煤炭行业的安全生产理念，激发青年学生的爱国热情，树立为中华民族伟大复兴而奋斗的信念。

◎ 任务考核

1. （问答题）监控分站的功能有哪些？

2. （单选题）模拟量输入与输出处理误差应不大于（　　）。
   A. 0.5%　　　　B. 5%　　　　C. 1%　　　　D. 1.5%

3. （单选题）安全监控分站甲烷浓度超限断电及甲烷风电闭锁的控制执行时间不大于（　　）。
   A. 1 s　　　　B. 2 s　　　　C. 3 s　　　　D. 4 s

4. （单选题）电网停电后，备用电源连续工作时间应不小于（　　）h。
   A. 1　　　　　B. 2　　　　　C. 3　　　　　D. 4

5. （判断题）监控分站的平均无故障时间（MTBF）应不小于1000 h。（　　）

◎ 任务评价

根据考核内容，学生完成自我小结并进行自评打分，教师根据学生活动情况进行点评并完成教师打分，最后按学生自评分×40%＋教师评分×60%计算得分。

考核评价表

模块四		项目一　监控分站的功能和技术要求		
班级		姓名		
评价类别	考核内容	分数	学生自评分	教师评分
知识目标	了解煤矿安全智能监测监控系统监控分站的功能	20		
	了解煤矿安全智能监测监控系统监控分站的技术要求	20		
能力目标	能选择分站并检查其完好性	10		
	能安装监控分站并接入监控系统	10		
	能定义监控分站并实现正常通信	20		
素质目标	引导学生深刻理解煤炭行业的职业精神和职业规范，增强职业责任感，培养遵纪守法、爱岗敬业、无私奉献、开拓创新的职业品格和行为习惯	20		
	小计	100		

项目二　KJF130矿用本安型监控分站

◎ 学习目标

☞ 知识目标

（1）了解煤矿监测监控系统监控分站的技术参数。

（2）了解煤矿监测监控系统监控分站的结构及工作原理。

（3）了解煤监测监控系统监控分站的安装及故障排除。

☞ 能力目标

（1）能结合监控分站技术参数正确选择符合使用要求的分站型号。

（2）能正确安装监控分站并接入监控系统。

（3）能对监控分站的常见故障进行排除。

☞ 素质目标

培养严谨仔细的工作态度，在作业岗位中树立精益求精的工作作风。

◎ 案例导入

2022年6月5日，山东省新泰市某矿业有限公司发生一起较大顶板事故，3人死亡，直接经济损失509.2万元。事故调查发现，井下不设瓦斯检查点、不安装安全监控传感器、不安设人员位置监测系统分站，与监管监察部门打"时间差"，下井人员不带定位卡或"人卡分离"，隐瞒作业地点。爆破作业后迎头未进行永久支护，空顶空帮作业，巷道支护强度不足，顶板岩石离层失稳，整体垮塌冒落，导致事故发生。

◎ 知识链接

知识点一　KJF130矿用本安型监控分站型式及外形

KJF130矿用本安型监控分站，是监测监控系统的重要组成部分，具有与不同设备进行有线无线通信、键盘与遥控输入、液晶显示等功能。分站具有高速数据处理能力，外围接口和供电电源采用特殊抗干扰措施。

1. 防爆型式

矿用本质安全型，标记为 Exia I。

2. 型号

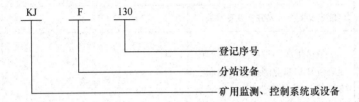

3. 外形尺寸及重量

外形尺寸（长×宽×高）：333 mm×357 mm×92 mm，如图4-1所示。

重量：4.82 kg。

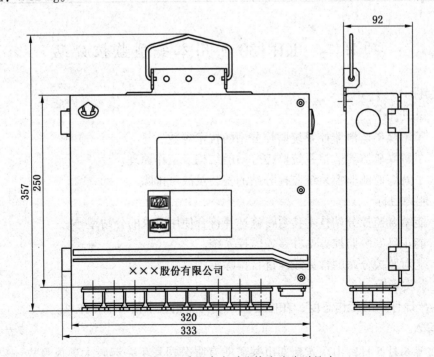

图4-1　KJF130矿用本安型监控分站外形尺寸

知识点二　KJF130 矿用本安型监控分站基本功能和主要技术参数

一、基本功能

（1）分站具有 RS485、CAN 有线通信功能。
（2）分站具有通过以太网光端口和电端口实现网络通信和级联功能。
（3）分站可通过遥控器、按键配置，具有通过液晶屏观察的人机交互功能。
（4）分站具有配置信息等参数存储及掉电保护功能。
（5）分站具有初始化参数设置和掉电保护功能。初始化参数可通过主站或遥控器修改。
（6）分站具有自诊断和通信故障指示功能。
（7）分站为本质安全型，分站的输入、输出是本质安全的。
（8）分站具有甲烷浓度超限声光报警和断电/复电控制功能：
甲烷浓度达到或超过报警浓度时，声光报警；甲烷浓度达到或超过断电浓度时，切断被控设备电源并闭锁。甲烷浓度低于复电浓度时，自动解锁；与闭锁控制有关的设备未投入正常运行或故障时，应切断该设备所监控区域的全部非本质安全型电气设备的电源并闭锁。当与闭锁控制有关的设备工作正常并稳定运行后，自动解锁。
（9）分站具有甲烷风电闭锁功能：
①掘进工作面甲烷浓度达到或超过 1.0% 时，声光报警，掘进工作面甲烷浓度达到或超过 1.5% 时，切断掘进巷道内全部非本质安全型电气设备的电源并闭锁；当掘进工作面甲烷浓度低于 1.0% 时，自动解锁；
②掘进工作面回风流中的甲烷浓度达到或超过 1.0% 时，声光报警，同时切断掘进巷道内全部非本质安全型电气设备的电源并闭锁；当掘进工作面回风流中的甲烷浓度低于 1.0% 时，自动解锁；
③被串掘进工作面入风流中甲烷浓度达到或超过 0.5% 时，声光报警，同时切断被串掘进巷道内全部非本质安全型电气设备的电源并闭锁；当被串掘进工作面入风流中甲烷浓度低于 0.5% 时，自动解锁；局部通风机停止运转或风筒风量低于规定值时，声光报警，同时切断供风区域的全部非本质安全型电气设备的电源并闭锁；当局部通风机或风筒恢复正常工作时，自动解锁；
④局部通风机停止运转，掘进工作面或回风流中甲烷浓度大于 3.0% 时，应对局部通风机进行闭锁使之不能启动，只有通过遥控器方可人工解锁；当掘进工作面或回风流中甲烷浓度低于 1.5% 时，自动解锁；
⑤与闭锁控制有关的设备（含分站、电源、甲烷传感器、断电控制器等）故障或断电时，切断该设备所监控区域的全部非本质安全型电气设备的电源并闭锁，并且声光报警。与闭锁控制有关的设备接通电源 1 min 内，应继续闭锁该设备所监控区域的全部非本质安全型电气设备的电源。当与闭锁控制有关的设备工作正常并稳定运行后，自动解锁。严禁对局部通风机进行故障闭锁控制。
注意：分站只有在被设置成风电瓦斯闭锁工作模式时，才具有"与闭锁控制有关的设备故障恢复后或上电后，继续闭锁 1 min 后再解锁"的功能。
（10）分站的模拟量输入处理误差 ≤0.5%。

(11) 分站的控制执行时间：甲烷超限断电及甲烷风电闭锁控制时间≤2 s。

二、主要技术指标

1. 工作电压、工作电流

供电电压：15~19.5 V DC。

工作电流：小于 400 mA。

2. 信号传输

1) RS485 信号传输

(1) 传输口数量：5。

(2) 传输方式：主从式、半双工、双极性。

(3) 与上位机传输速率：4800 bps。

(4) 与智能传感器传输速率：2400 bps。

(5) 传输信号工作电压峰峰值：2~15 V。

2) CAN 信号传输

(1) 传输口数量：2。

(2) 传输方式：多主式、CAN。

(3) 传输速率：5000 bps。

(4) 传输信号工作电压峰峰值：1~5 V。

3) 以太网电信号传输

(1) 传输口数量：2。

(2) 传输方式：全双工 TCP/IP 以太网电信号。

(3) 传输速率：10/100 Mbps 自适应。

(4) 传输信号工作电压峰峰值：1~5 V。

4) 以太网光信号传输

(1) 传输口数量：2。

(2) 传输方式：全双工 TCP/IP 以太网光信号。

(3) 光波长：1310 nm。

(4) 发射功率：-15~0 dBm（0.03~1 mW）。

(5) 接收灵敏度：-32 dBm。

(6) 传输速率：10/100 Mbps 自适应。

3. 最大传输距离

(1) 分站至环网接入器、光端机的 RS485 信号最大传输距离：3 km（使用 MHY32、MHYV 或 MHYP 电缆，芯线截面积不小于 1.5 mm²）。

(2) 分站至环网接入器、光端机的以太网电信号最大传输距离：10 m（使用 MHYV 电缆，芯线截面积不小于 0.75 mm²）。

(3) 分站至环网接入器、光端机的以太网光信号最大传输距离：10 km（使用 MGTSV 矿用单模光缆；光纤接点总数 8 个，其中热熔接点 3 个，冷熔接点 3 个，活动连接点 2 个）。

(4) 分站与传感器、断电器的最大传输距离（包含模拟量信号、开关量信号、RS485 数字量信号）：6 km（使用 MHY32、MHYV 或 MHYP 电缆，芯线截面积不小于 1.5 mm²）。

(5) 分站 CAN 信号的最大传输距离：5 km（使用 MHY32、MHYV 或 MHYP 电缆，芯线截面积不小于 1.5 mm^2）。

4. 最大监控容量

4 路 RS485 数字量信号端口（采集控制用），每路可接入 8 台 RS485 数字设备，且分站最多接入 6 台 RS485 型断电器。

知识点三　KJF130 矿用本安型监控分站主要结构特征及工作原理

一、主要结构特征

分站由外部防护外壳和内部机芯组成。分站防护外壳为不锈钢材质，其上方有一挂环，便于搬运和作安装时的吊钩，外壳采用正面开门，门的四周有橡胶圈衬垫，门上有 2 锁紧螺栓，可根据需要拧紧或打开。门盖上有一长方形液晶显示窗，用以在不打开外壳的情况下，观察分站显示屏显示情况，配合遥控器完成人机交互过程。

分站内部机芯由成型的塑料壳体及壳体内部的电路板组成，电路板共有 2 块，分别是主板、液晶显示板。2 块电路板安装在塑料壳体内，便于一体化拆卸维护、安装调试。

二、工作原理

分站电路部分由主板、显示板两部分组成，其中主板上具有两个无线通信板的插槽。主板微处理器为 32 位 ARM 处理器，该处理器含有大容量存储器和动态 RAM。处理器的 5 路 RS485 串口和 2 路 CAN 用于作远距离传输，与其他设备通信，2 路以太网电口及光口实现其他以太网设备的接入，光口用于以太网的级联。分站采用汉字显示的液晶器作为人机交互输出，可以显示 4 行 8 列共计 32 个汉字或 64 个字符。人机交互输入为按键和遥控器，3 个按键分别为 "+" "-" "O"，实现光标 "上移/左移"、"下移/右移"、"确认" 功能，遥控器具有 "↑" "↓" "←/+" "→/-" "确认" "取消" 键，实现光标的 "上移" "下移" "左移" "右移" "确认" "取消" 功能。

知识点四　KJF130 矿用本安型监控分站的安装

一、固定

将挂环牢固可靠地挂于钩子上，或利用安装孔把分站固定于墙面、巷道壁等平面上。

二、接线

分站接线按所接信号类型不同，共分为 3 个接线区，如图 4-2 所示。

1. 低速总线接线区

低速总线接线区有 RS485 信号 1-5、CAN 信号 1-2。

（1）RS485-1，提供 A1、B1、PE1 3 个端子，主要用于分站作为从设备时，连接传输接口，在不需要对设备供电时，也可以作为主设备连接各传感器、执行器。

（2）RS485-2~RS485-5，每路各提供 V+、V-、A、B、PE 5 个端子，主要用于分站作为主设备时，连接各类传感器、执行器，也可以根据需要作为从设备连接传输接口等。

(3) CAN-1~CAN-2，每路各提供 V+、V-、H、L、PE 5 个端子，可以连接传输接口、各类传感器、执行器。

2. 电源接线区

电源接线区有电源 1-6 输入及电源 RS485 信号。当电源通过航空插头接入分站时，不需要改变电源接线。当电源通过喇叭嘴接入分站时，需要根据图 4-2 进行接线。

(1) 电源在不通过航空插头接入分站时，需要在电源接线区接线。

(2) 电源接线区有 3 个接线端子共 15 芯，分别为 6 路电源的正负极以及 RS485 的 A、B、PE。6 路电源的第一路 V1 为分站主板的供电电源，V2~V6 为各低速总线设备的供电电源，A、B、PE 为电源的 RS485 信号。

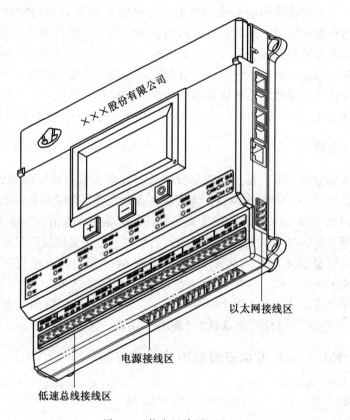

图 4-2 接线区域图

3. 以太网接线区

以太网接线区有 2 路以太网电口、2 路以太网光口。2 路以太网电口，分别为 4 芯可插拔式接入端子、RJ45 端子；2 路以太网光口为 SC 光纤接口。

知识点五　KJF130 矿用本安型监控分站操作、显示及调试

一、操作

分站配有专用的遥控器，实现对分站的遥控操作。在没有遥控器时，分站面板上的 3

个按键，具有相同作用，功能如下：

(1) 分站的"+"键具有遥控器"←"及"↑"的功能；
(2) 分站的"-"键具有遥控器"→"及"↓"的功能；
(3) 分站的"←"键具有遥控器"确认"及"取消"的功能。

二、显示

分站在遥控器（按键）的操作下，能够显示启动信息、首页、主菜单、关于本机等信息。

三、调试

1. 接通电源

在确认电源电压与分站相符后方可接通电源，范围以外的电压会导致分站损坏。接通电源后，分站液晶屏将会显示启动过程、启动结果，最后在系统启动成功后显示首页信息。

2. 地址设置

分站是挂接在以太网总线或 RS485 总线上的节点设备，主机识别分站位置依赖于分站 IP 地址号或物理地址号。通过人机交互操作，由"首页"依次进入"参数设置"（需要输入密码）、"地址设置"菜单，完成地址的设置。在多台分站接入同一系统中，确保每台分站地址的唯一性。

知识点六　注意事项及故障排除

一、注意事项

各分站上地址设定开关应设置正确，注意在同一系统中不得有相同的分站地址（包括井上和井下分站）。分站接入现场总线型设备（RS485、CAN 接口）时，注意信号的极性。各接线端子要用小改锥拧动螺丝，把导线压紧，不要压导线外皮，也不能用力太大，以免把接线端子拧坏。

二、分站故障分析及排除

分站故障分析及排除方法见表 4-1。

表 4-1　分站故障分析及排除方法表

故障现象	原因分析	排除方法
分站电源指示灯不亮	1. 电源箱没有电源输出或分站电源输入端子上电压小于 15 V； 2. 分站板电源模块损坏	1. 检查线路及各接线端子是否接好； 2. 检查电源箱的电压输出； 3. 输入电压的极性是否正确； 4. 更换电路板，返厂修理
以太网指示灯不闪烁	以太网不通	检查线路及接线端子是否接好

表 4-1(续)

故障现象	原因分析	排除方法
分站串口相应的指示灯不闪烁	串口不通	1. 检查线路及接线端子是否接好； 2. 运行配置软件，检查串口的主、从配置是否正确
无线设备无法连接	无线通信不通	1. 检查无线模块是否正确插入主板； 2. 检查无线模块天线是否正确连接

◎ 知识加油站

使用移动端识别二维码，学习 KJF130 矿用本安型监控分站的结构功能及配套电源。

视频 KJF130 矿用本安型监控分站和配套电源

◎ 任务实施

【任务要求】

请同学们利用互联网，查找调研两家煤矿企业，看看他们使用的是哪家的监控系统？他们的监控分站的型号有几种？分别是什么型号？

【任务计划与实施】

引导问题 1：第一家煤矿的安全监测监控系统厂家是谁？他们的产品型号是什么？使用的分站型号是什么？

引导问题 2：第二家煤矿的安全监测监控系统厂家是谁？他们的产品型号是什么？使用的分站型号是什么？

◎ 思政小课堂

通过查阅图书馆各版本监控类教材，学习、对比所学知识，分析监控分站的发展过程，激发青年学生学习专业知识的热情，树立正确的学习观。

◎ 任务考核

1.（单选题）矿用本质安全型，标记为（　　）。

A. Exib Ⅰ B. Exia Ⅰ C. Exic Ⅰ D. Exia Ⅱ

2. （单选题）甲烷风电闭锁功能是指掘进工作面甲烷浓度达到或超过（　　）% CH_4 时，声光报警。

A. 1 B. 2 C. 3 D. 4

3. （多选题）分站内部机芯由（　　）组成，电路板共有 2 块，分别是主板、液晶显示板。

A. 成型的塑料壳体　　　　　　B. 壳体内部的电路板
C. 金属板　　　　　　　　　　D. 绝缘保护板

4. （判断题）分站可通过遥控器、按键配置，具有通过液晶屏观察的人机交互功能。（　　）

5. （判断题）只有在紧急情况下，才允许对局部通风机进行故障闭锁控制。（　　）

◎ **任务评价**

根据考核内容，学生完成自我小结并进行自评打分，教师根据学生活动情况进行点评并完成教师打分，最后按学生自评分×40%+教师评分×60%计算得分。

考 核 评 价 表

模块四	项目二　KJF130 矿用本安型监控分站			
班级		姓名		
评价类别	考核内容	分数	学生自评分	教师评分
知识目标	了解煤矿安全智能监测监控系统监控分站的技术参数	10		
	了解煤矿安全智能监测监控系统监控分站的结构及工作原理	10		
	了解煤矿安全智能监测监控系统监控分站的安装及故障排除	10		
能力目标	能结合分站技术参数正确选择符合使用要求的分站型号	20		
	能正确安装监控分站并接入监控系统	20		
	能对监控分站的常见故障进行排除	20		
素质目标	培养严谨仔细的工作态度，在作业岗位中树立精益求精的工作作风	10		
	小计	100		

模块五 煤矿安全智能监测监控系统传输网络

◎ **模块说明**

开发矿用信息通信技术产品，有助于加快建设大型现代化、智能化矿井，真正实现"挖煤不用人，采煤不见煤"。本模块主要学习煤矿监测监控系统传输网络、矿用传输线缆、矿用信息传输方式。

项目一 传 输 网 络

◎ **学习目标**

☞ 知识目标

（1）了解煤矿信息传输网络的基本要求。

（2）了解信息传输网络的分类及特点。

☞ 能力目标

（1）能叙述标准对信息传输网络的要求。

（2）能辨识不同网络结构的形式及优缺点。

☞ 素质目标

养成对标笃行的工作态度、严谨认真的工作习惯。

◎ **案例导入**

2019年4月23日15时15分，某煤矿安全监控中心站值班人员发现井下监控信号数据显示中断现象（地面抽放泵站、风机房数据显示正常，矿井安全监控通信信号上传集团公司正常）。中心站值班人员立即通知监控值班人员，并汇报矿调度。15时20分至17时5分，出现4次井下信号断续现象，最长中断时间达33分34秒，期间井下传感器到分站数据采集、传输、断电功能一切正常。后经排查，发现地面环网交换机传输接口出现故障，17时5分恢复正常传输。

◎ **知识链接**

煤矿安全智能监测监控系统的信息传输在系统工作中起着重要的作用。它把传感器采集到的各类信号经过信息处理和传输，供分站处理、显示等；分站处理的各类数据经过传输网络上传到地面，供地面监控中心处理、显示、存储；地面监控中心发出的控制指令通过传输网络到达分站，再到达断电控制器或传感器。

知识点一　信息传输网络的基本要求

根据《煤矿安全监控系统通用技术要求》（AQ 6201—2019）的有关规定，煤矿监控信息传输要求煤矿安全监控系统硬件通用、软件兼容、信道共享、信息共享。

（1）传输介质。采用矿用传输线缆，以适应煤矿安全监测监控系统的需要。

(2) 网络结构。可按照矿井的实际需要确定,多采用树形网络结构。

(3) 工作方式。现有的煤矿安全监测监控系统均为无主工作方式。

(4) 连接方式。为满足环境安全等就地监控的需要,煤矿安全监测监控系统的连接方式宜灵活多样,既可单层连接,又可多层连接。

(5) 传输方向。煤矿安全监测监控系统常采用半双工传输。

(6) 复用方式。煤矿安全监测监控系统的复用方式有频分制、时分制和码分制以及它们的复合方式,常采用时分制复用方式。

(7) 信号。煤矿安全监测监控系统常采用不归零矩形脉冲数字信号传输。

(8) 同步方式。煤矿安全监测监控系统常采用串行异步传输方式。

(9) 调制方式。煤矿安全监测监控系统多采用基带、调频和调相传输。

(10) 字符。一般采用 8 bit。

(11) 传输速率。煤矿安全监测监控系统的传输速率宜在 1200 bit/s、2400 bit/s 和 4800 bit/s 中选取。

(12) 误码率。用于监控的煤矿安全监测监控系统的误码率应不大于 10^{-8}。

(13) 传输处理误差。煤矿安全监测监控系统的传输处理误差应不大于 0.5%。

(14) 最大巡检周期。煤矿安全监测监控系统的最大巡检周期应不大于 30 s,并应满足监控要求。

(15) 最大传输距离。分站至主站之间、分站至分站之间的最大传输距离应不小于 10 km;传感器及执行机构至分站之间的最大传输距离应不小于 2 km。

(16) 现场总线。煤矿安全监测监控系统的现场总线多采用 CAN 总线方式。

知识点二 信息传输网络的分类及特点

煤矿安全监测监控系统中传感器、井下分站和地面中心站之间通过信道联结成的通信网络有星形网络结构、树形网络结构、环形网络结构和开闭环形网络结构以及现场总线型等基本形式。

一、星形网络结构

星形(又称发射状)网络结构就是系统中的每一分站(或传感器)通过 1 根传输电缆与监控中心(或分站)相连,如图 5-1a 所示。这种结构具有发送和接收设备简单、传输阻抗易于匹配、各分站之间干扰小、抗故障能力强、可靠性高的优点。但是这种结构所需的电缆用量大,当监控容量大、分站多时,系统的造价高,且不便于安装和维护。因此,该网络系统仅用于小容量的煤矿安全监测监控系统。

二、树形网络结构

树形(又称树状)网络结构就是系统中每一分站使用 1 根传输电缆就近接到系统传输电缆上,如图 5-1b 所示。采用这种结构的监控系统所用的传输电缆最少。但也存在着传输性能不稳定、不利于本质安全防爆、抗电磁干扰能力差、分站间影响较大的缺点。

矿井监测监控系统的传输电缆必须沿巷道敷设,挂在巷道壁上。由于巷道为分支结构,并且分支长度可达数千米,因此,为便于系统安装维护,节约传输电缆,降低系统成本，多采用树形网络结构。

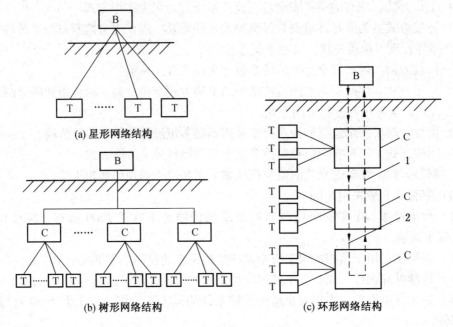

B—中心站；T—传感器；C—分站；1—数据上线；2—数据下线

图 5-1 通信网络结构示意图

三、环形网络结构

系统中各分站与中心站用一根电缆串在一起，形成一个环。环路结构中，中心站不与各分站（最多16个分站）直接连接，而是只有一个分站与中心站用电缆连接，该分站再用电缆与另一分站连接，每个分站均有一个传输移位寄存器，各分站的传输移位寄存器由"数据下线"这根芯线串联起来，环路中的最后一个分站的"数据下线"芯线与"数据上线"芯线连接形成环路来传输信息。每一分站内的传输移位寄存器可以连接到环路内，也可被旁路掉。环路可以延伸，也可将分站关闭。中心站知道哪一个分站的工作是通过每个分站内的一个识别信号发生器来完成的，如图 5-1c 所示。

环形网络除传输电缆用量居中外，还具有如下特点。

(1) 由于传输电缆设有分支，传输阻抗易于匹配，不存在过电压、过电流、电磁波反射严重等问题，系统抗电磁干扰能力强，利于防爆。

(2) 由于上一分站的信号仅仅传给下一分站接收，因此，不存在多路分流问题，并且当分站误动作时，不会出现传输线上信号能量叠加问题，也不会因为发送电路漏电流较大而影响系统工作。

(3) 由于环形系统中的任一分站既是上一分站的接收机，又是下一分站的发送机，分站对接收到的数字信号进行门限判决、整形、放大。因此，在数字传输方式下，抗干扰能力进一步加强。

(4) 环形系统的致命问题是抗故障能力差，当系统任一处（电缆或分站）发生故障（短路或开路）时，整个系统将无法正常工作。因为故障点之前的分站虽能接收同步信号，但信号不能传至中心站;而在故障点之后的分站,接收不到信号,无法正常工作。

通过对3种不同网络结构的分析,可以看到这3种网络结构都各自有优缺点。在实际系统中,一般将星形结构用于监控容量较小的系统中,而将树形和环形结构用于大、中型矿井监测监控系统中。

四、开闭环形网络结构

1. 开闭环形网络结构与环形网络结构的关系

开闭环形网络结构是环形网络结构的改进。当只需要集中监测时,可以将中心站与各个分站用电缆串接在一起,而不必形成一个环。当既需要集中监测,又需要集中控制时,就要用一根电缆将中心站与各个分站串接在一起形成一个环,这时开闭环形网络结构从外部看与环形网络结构之间并没有什么区别。开闭环形网络结构与环形网络结构的根本区别在于:前者除能根据前一分站发来的信号同步工作外,还能在没有外部同步信号的条件下,自同步工作;而后者只能在外部同步信号的条件下工作。因此,当采用开闭环网络结构的矿井监控系统中分站或传输电缆发生故障时,故障点以后的分站仍能正常工作,不会造成整个系统瘫痪,抗故障能力强。如图5-2所示的开闭环形网络结构的系统中,若a点发生传输电缆故障,除故障点以前的A、B分站不能将监控信息传递至中心站外,其余分站均能正常工作。

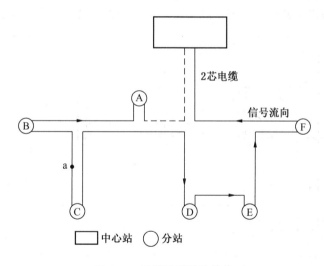

图5-2 开闭环形网络结构

2. 进一步增强开闭环形网络性能的方法

开闭环形网络结构保留了环形系统的优点,同时解决了故障点以后各分站的信号传输。但故障点以前各分站的信息仍不能传递,可通过如下方法改进。

(1) 反向传输法。反向传输法就是在闭环连接后的开闭环形系统中,当分站或传输线发生故障时,故障点以后的各分站仍然能正向发送,而故障点以前的各分站借助于中心站的指令反向发送。因此,当系统发生一处故障时(传输电缆或分站),除发生故障的分站外,其余分站均能将信号传送至中心站。在如图5-3所示的采用反向传输法的开闭环形网络结构系统中,若a点发生传输电缆故障,故障点以前的A、B分站反向发送,故障点以后的 C、D、E、F 分站正向发送，系统中全部分站均能将监控信息传递至中心站。

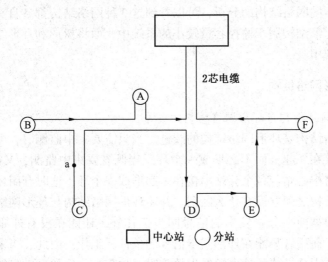

图 5-3　采用反向传输法的开闭环形网络结构

（2）脱离法。脱离法就是当分站发生故障时，系统通过自检单元，将有故障的分站通过继电器从系统中脱离，从而不影响其他分站的正常工作。分站脱离电路原理如图 5-4 所示。脱离法不但能用于开闭环形网络结构，而且能用于一般环形网络结构。

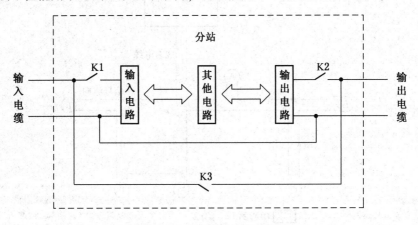

图 5-4　分站脱离电路原理

开闭环形网络结构具有环形网络所具有的一切优点，同时克服了环形网络的缺点，抗故障能力强，适用于大、中型矿井监控系统。在实际应用中，经常会把几个不同拓扑结构的子网组合在一起，形成混合型拓扑的更大网络，以适应现代化大型矿井的安全与生产监控要求。

五、现场总线型结构

传输介质（传输线路）由各节点（分支中继器或分站）共享，各节点可请求向总线发送信息，当总线上没有信息传送时，请求才会被批准，已发送到总线上的信息，所有节点都能接收，但只有当信息流中的地址与节点地址相同时，才被获准接收。

现场总线主要有 Profbus、CAN、Ether Net/IP、Modbus 等类型。

特点：成本较低，稳定性较好，用户增加时，造成线路竞争，通信速率下降。

◎ **知识加油站**

使用移动端识别二维码，观看监控系统通信网络分类。

视频 监控系统通信网络分类

◎ **任务实施**

【任务要求】

煤矿安全监测监控网络结构形式多种多样，功能各异。请同学们搜集整理煤矿安全监测监控不同网络结构的应用案例，分析不同网络结构的特点。根据引导问题逐步学习、研讨，最终以 PPT 形式汇报成果。

【任务计划与实施】

引导问题 1：查找标准，叙述标准对信息传输网络的基本要求。

引导问题 2：请总结信息传输网络的分类及特点？

◎ **思政小课堂**

每一类监测监控网络形式既有优点，也有缺点，应该用辩证的观点看待事物，既要看到事物好的一面，同时也要留意潜在风险的一面。通过课程价值引领，培养学生工程思维、标准化意识和严谨认真的工作态度。

◎ **任务考核**

1. （单选题）煤矿安全监测监控系统的最大巡检周期应不大（　　）s，并应满足监控要求。

　　A. 20　　　　　　B. 30　　　　　　C. 40　　　　　　D. 50

2. （单选题）（　　）网络结构就是系统中的每一分站（或传感器）通过 1 根传输电缆与监控中心（或分站）相连。

　　A. 星形　　　　　B. 树形　　　　　C. 环形　　　　　D. 开闭环形

3. （单选题）星形网络结构的优点有（　　）。

　　A. 发送和接收设备简单　　　　　B. 传输阻抗易于匹配

　　C. 各分站之间干扰小　　　　　　D. 抗故障能力强

4. （多选题）总线型网络结构的特点有（　　）。
A. 成本较低，稳定性较好
B. 用户增加时，造成线路竞争，通信速率下降
C. 传输阻抗易于匹配
D. 不存在多路分流问题

5. （判断题）树形（又称树状）网络结构就是系统中每一分站使用 1 根传输电缆就近接到系统传输电缆上。（　　）

◎ **任务评价**

根据考核内容，学生完成自我小结并进行自评打分，教师根据学生活动情况进行点评并完成教师打分，最后按学生自评分×40%+教师评分×60%计算得分。

考核评价表

模块五		项目一　传输网络		
班级		姓名		
评价类别	考核内容	分数	学生自评分	教师评分
知识目标	了解煤矿信息传输网络的基本要求	20		
	了解信息传输网络的分类及特点	20		
能力目标	能叙述标准中对于信息传输网络的要求内容	20		
	能辨识不同网络结构的形式及优缺点	20		
素质目标	养成对标笃行的工作态度、严谨认真的工作习惯	20		
	小计	100		

项目二　矿用传输线缆

◎ **学习目标**

☞ 知识目标

（1）了解矿用线缆的分类。

（2）了解传输线缆的基本要求。

☞ 能力目标

(1) 能辨识不同类型的传输线缆。

(2) 能阐述不同类型传输线缆的作用。

☞ 素质目标

培养学生勇于创新、务实奋斗、坚韧不拔的科学品质。

◎ 案例导入

2010年1月5日12时5分,湖南省湘潭县某煤矿发生特别重大火灾事故,死亡34人,直接经济损失2962万元。经调查认定,这是一起责任事故。事故调查发现,该煤矿中间立井三道暗立井内敷设的非阻燃电缆老化破损,短路着火,引燃电缆外套塑料管、吊箩、木支架及周边煤层,产生大量有毒有害气体,造成人员窒息伤亡。

◎ 知识链接

知识点一 传输线缆的分类

矿用传输线缆是煤矿安全监测监控系统重要的组成部分之一,其电气性能直接影响着信号的传输质量。在煤矿安全监测监控系统中,一般采用价格低廉又便于安装维护的煤矿用通信电缆,也有采用大容量的光缆,以适应多媒体综合监控的需要。

一、矿用通信电缆与同轴电缆

矿用通信电缆又称为对称电缆,其基本组成与普通电缆一样,也是由芯线、绝缘层、保护层等组成。HUYV型矿用通信电缆的结构如图5-5所示。

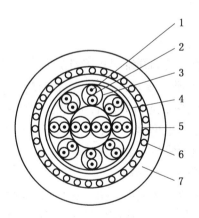

1—导电芯线;2—绝缘层;3—对线组;4—绕包带;5—内护层(PE);6—铠装层;7—外护层(PVC)

图5-5 HUYV型矿用通信电缆结构示意图

同轴电缆又称为不对称电缆。它的外部为一空心的金属管(或金属编织带),作为一个导体,称为外导体;管内中心有一根导体,称为内导体。内、外导体之间用塑料之类绝缘隔开,并使每处都保持轴心重合(即同一个圆心),所以称为同轴电缆。同轴电缆的结构如图5-6所示。

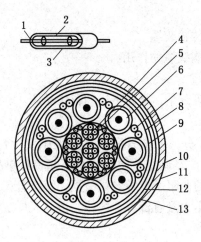

1—铜线；2—铜管；3—塑料垫片；4—高频四线组；5—信号线；6—同轴管；7—高频对线组；8—电缆线；
9—铅护层；10—沥青涂层塑料袋；11—油浸皱纹纸带；12—钢带；13—油麻或聚氯乙烯

图5-6 同轴电缆结构示意图

同轴电缆与矿用通信电缆相比其优点：一是对电信号的衰减较小，特别对高频信号的衰减更小；二是传输信号通路多，一根同轴电缆传输的通路，是高频对称电缆的5~50倍甚至上百倍；三是抗干扰能力较强，由于高频信号电流都集中到铜管的内层通过，铜管的外层无电流，形成一个屏蔽层，因此同轴电缆能避免它对其他同轴管的干扰，且频率越高，效果越好；四是可用来传输宽频带的视频信号，如传送可视电话和电视。

二、光缆

光缆是由像毛发一样粗细的玻璃纤维（即光纤）堆放在聚乙烯骨架上，并包以坚固外皮而组成。光缆主要分成两大类：单模式（纤芯直径5~10 μm）和多模式（纤芯直径50 μm）。单模光缆携带单个频率的光将数据从光缆的一端传输到另一端，通过单模光缆，数据传输的速度更快，并且距离也更远。相反，多模光缆可以在单根或多根光缆上同时携带几种光波。这种类型的光缆通常用于数据网络。

光纤对拉力的承受能力较强，不容易拉断，但对弯折的承受力较差，容易折断，所以在光纤外面包了两层保护层构成二次包覆。第一保护层采用紫外线硬化树脂材料，将包裹后的状态称为基准线；第二保护层是基准线的外面采用尼龙包裹。

知识点二 传输线缆的基本要求

一、传感器传输电缆

传感器传输电缆选用煤矿用聚乙烯绝缘阻燃聚氯乙烯护套监测信号软电缆（MHYVR）和煤矿用聚乙烯绝缘编织屏蔽聚氯乙烯护套通信软电缆（MHYVRP）。煤矿用阻燃监测信号软电缆型号规格见表5-1。

表 5-1 煤矿用阻燃监测信号软电缆型号规格表

型号	标称截面积/mm²					
	0.75	1.0	1.5	0.75	1.0	1.5
	芯数			对数		
MHYVR	2~7			2~10		
MHYVRP	2~7			2~10		

常用的一种特制监测信号软电缆 MHYVR 1×2×7/0.43+1×2×7/0.3，其截面结构及参数如图 5-7 所示。

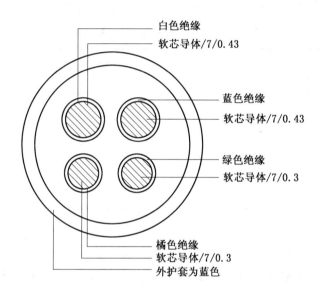

图 5-7　MHYVR 截面图

二、主传输电缆

主传输电缆应按照《煤矿用阻燃电缆　第 3 单元：煤矿用阻燃通信电缆》（MT 818.14—1999）中的规定选用。按照使用地点的不同，按表 5-2 选用通信电缆的型号。

表 5-2　煤矿用阻燃通信电缆型号表

型号	名　　称	用　　途
MHYV	煤矿用聚乙烯绝缘聚氯乙烯护套通信电缆	用于平巷、斜巷及机电硐室
MHJYV	煤矿用加强型纤芯聚乙烯绝缘聚氯乙烯护套通信电缆	用于机械损伤较高的平巷和斜巷

表 5-2（续）

型号	名称	用途
MHYBV	煤矿用聚乙烯绝缘镀锌钢丝编织铠装聚氯乙烯护套通信电缆	用于机械冲击较高的平巷和斜巷
MHYAV	煤矿用聚乙烯绝缘铝-聚乙烯黏结护层聚氯乙烯护套通信电缆	用于较潮湿的斜井和平巷
MHYA32	煤矿用聚乙烯绝缘铝-聚乙烯黏结护层钢丝铠装聚氯乙烯护套通信电缆	用于竖井或斜井

按照安全监控系统要求的不同，按表 5-3 选用通信电缆的规格。

表 5-3 煤矿用阻燃通信电缆规格表

规格	MHYV	MHJYV	MHYBV	MHYAV	MHYA32
对数×芯数	1×2	1×2	5×2	20×2	30×2
	2×2	2×2	10×2	30×2	30×2
	1×4	—	20×2	50×2	80×2
	5×2				

三、主传输光缆

煤矿用通信光缆应按照《煤矿用阻燃通信光缆》（GB/T 28518—2012）中的规定选用。光缆常用型式及用途见表 5-4。

表 5-4 光缆的常用型式及用途表

常见型式	名称	主要用途
GGTZS	金属加强构件、松套层绞填充式、钢-聚乙烯黏结护套矿用阻燃通信光缆	潮湿的平巷或斜巷
MGTZAS3	金属加强构件、松套层绞填充式、钢-聚乙烯黏结护套、纵包皱纹钢带铠装聚乙烯套矿用阻燃通信光缆	竖井或斜井
MGTZA	金属加强构件、松套层绞填充式、钢-聚乙烯黏结护套矿用阻燃通信光缆	平巷或斜巷
MGTZY53	金属加强构件、松套层绞填充式、聚乙烯黏结护套、纵包皱纹钢带铠装聚乙烯套矿用阻燃通信光缆	机械损伤较严重的平巷或斜巷

表 5-4（续）

常见型式	名 称	主要用途
MGTZA33	金属加强构件、松套层绞填充式、聚乙烯黏结护套、纵包皱纹钢带铠装聚乙烯套矿用阻燃通信光缆	竖井或斜井
MGFTZS	非金属加强构件、松套层绞填充式、钢-聚乙烯黏结护套矿用阻燃通信光缆	平巷或斜巷
MGFJZY	非金属加强构件、紧套层绞、聚乙烯黏结护套矿用阻燃通信光缆	井下监控
MGXTZA	金属加强构件、中心管填充式、钢-聚乙烯黏结护套矿用阻燃通信光缆	平巷或斜巷
MGXTZY	金属加强构件、中心管填充式、聚乙烯护套矿用阻燃通信光缆	平巷或斜巷
MGXTW	金属加强构件、中心管填充式、夹带钢丝的钢-聚乙烯黏结护套矿用阻燃通信光缆	平巷或斜巷
MGFXTZY	非金属加强构件、中心管填充式、聚乙烯黏结护套矿用阻燃通信光缆	井下监控

◎ **任务实施**

【任务要求】

煤矿安全监测监控系统中数据的有效传递，得益于传输线缆发挥着重要的功能。请同学们搜集整理煤矿安全监测监控传输线缆的相关音视频资料，分析出不同线缆的特点。根据引导问题逐步学习、研讨，最终以 PPT 形式汇报成果。

【任务计划与实施】

引导问题 1：传输线缆如何分类？

引导问题 2：不同种类传输线缆的基本要求？

◎ **思政小课堂**

电缆是煤矿井下输送电力和信息的媒介，其质量关乎着设备设施的安全运行和作业人员的生命安全。通过电缆选型和维护保养的学习，培养学生恪尽职守、一丝不苟的优秀品质。

◎ **任务考核**

1. （多选题）矿用通信电缆又称为对称电缆，其由（　　）等组成。
   A. 芯线　　　　　　　　　　　　B. 绝缘层
   C. 保护层　　　　　　　　　　　D. 内层

2. （多选题）光缆主要分成（　　）和（　　）两大类。
   A. 单模式　　　　　　　　　　　B. 多模式
   C. 三模式　　　　　　　　　　　D. 四模式

3. （单选题）适用于潮湿的平巷或斜巷的光缆类型是（　　）。
   A. GGTZS　　　　　　　　　　　B. MGTZA53
   C. MGTZA　　　　　　　　　　　D. MGXTZA

4. （判断题）光纤对拉力的承受能力较强，不容易拉断，但对弯折的承受力则较差，容易折断。（　　）

5. （判断题）同轴电缆与矿用通信电缆相比其对电信号的衰减较小，特别对高频信号的衰减更小。（　　）

◎ **任务评价**

根据考核内容，学生完成自我小结并进行自评打分，教师根据学生活动情况进行点评并完成教师打分，最后按学生自评分×40%＋教师评分×60%计算得分。

考 核 评 价 表

模块五		项目二　矿用传输线缆		
班级		姓名		
评价类别	考核内容	分数	学生自评分	教师评分
知识目标	了解矿用线缆的分类	20		
	了解传输线缆的基本要求	20		
能力目标	能辨识不同类型传输线缆	20		
	能阐述不同类型传输线缆的作用	20		
素质目标	培养学生勇于创新、务实奋斗、坚忍不拔的科学品质	20		
	小计	100		

项目三　矿用信息传输方式

◎ 学习目标

　　☞　知识目标
（1）了解煤矿安全监测监控系统信息流动方式。
（2）了解煤矿安全监测监控系统信息传输方式。
　　☞　能力目标
（1）能叙述煤矿安全监测监控系统的单向和双向传输系统。
（2）能辨识煤矿安全监测监控系统串行传输、并行传输、同步传输和异步传输。
　　☞　素质目标
培养学生科学严谨、求真务实的学习态度。

◎ 案例导入

2022年，山西省晋中市潞安化工集团某公司联合华为技术有限公司，利用5G远程操作综采设备减少井下作业人员，提高煤矿安全生产水平；利用5G+机器人巡检减少机电硐室现场人员，降低煤矿安全隐患；利用5G+超高清视频监控减少井下违规操作，降低事故风险。通过在机电固定硐室、采掘工作面试验应用巡检机器人以及远程操控等应用减少固定岗位20人，降低人工成本约300万元/年；通过高清设备运行状态监控和设备健康状态分析，降低设备故障率15%，节省设备修理费用约200万元/年；通过内部通信线缆无线替代，全矿井减少上万条通信线缆及维护，总成本减少约100万/年。

◎ 知识链接

知识点一　信息流动方式

一、单向传输系统

单向传输系统，指信息在信道中的流向是单方向的。如传感器将信息传送给井下分站，井下分站再将必要的信息发送至地面中心站。单向传输的信息只能单方向进行传输，如图5-8a所示。

二、双向传输系统

双向传输系统，指信息在信道中的流向是双向的。如井下分站可把信息传至地面中心站，中心站也可把信息或指令传至井下分站。半双工是通信双方都能接收和发送信息，但不能同时收和发的工作方式，如图5-8b所示。全双工是通信双方可以同时进行发送和接收的工作方式，如图5-8c所示。

◎ 知识加油站

使用移动端识别二维码，学习网络通信方式及特点。

文档　网络通信方式及特点

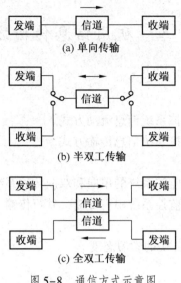

图 5-8 通信方式示意图

知识点二 信息传输方式

信息传输方式是指数据在信道上传送所采取的方式。按数据代码传输的顺序可以分为串行传输和并行传输,按数据传输的同步方式可分为同步传输和异步传输,按数据传输的流向和时间关系可分为单工、半双工和全双工数据传输。

一、串行传输

串行传输是指组成字符的若干二进制码排列成数据流,数据一位接一位,按时间顺序在一条信道中传输,如图 5-9a 所示。通常传输顺序为由高位到低位,传完一个字符再传下一个字符。串行传输速度慢,适合距离远且传送数字数据的通信中。

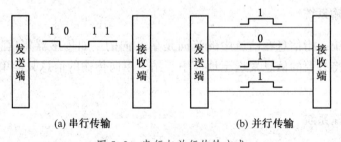

图 5-9 串行与并行传输方式

二、并行传输

并行传输是将构成一个字符的几位二进制码以成组的方式,同时在多个并行的信道中传输,如图 5-9b 所示。一般用在距离近、传输速率要求高的通信中。

串行传输同并行传输相比,前者占用传输信道少、传输速度慢,但为了正确识别每一位是"0"还是"1",接收端与发送端必须保持同步;而后者正好相反。一般矿井数字信息传输系统都采用串行传输方式,因为这种方式只需占一条信道,易于实现,成本低。

实际上,串行传输和并行传输是指组成一个字符的各码元是依顺序逐位传输还是同时并行地传输。至于数据字符,不论采用串行传输还是并行传输,总是逐个依顺序发送的。

三、同步传输与异步传输

同步传输和异步传输是串行传输中两种基本的通信方式。

1. 同步传输

同步传输是以数据块为单位的数据传输,依靠加在数据块(由许多字符组成,又称数据流)前面的同步字符,使收/发双方取得同步的传输方式,如图5-10所示。同步字符是特殊的二进制代码,它可以是一个8位,也可以是两个连续的8位。若选择两个连续的8位,这两个连续的8位的二进制代码可以相同也可以不同。但无论怎样,收/发双方的同步字符必须一致。数据块由一个接着一个的字符组成,每个字符的数据位可以是5、6、7或8位。数据块末尾为CRC校验码。

同步字符1	同步字符2	数据块	数据块校验CRC

图5-10 同步传输的格式

传送时,在发送端,发送装置先发送同步字符,然后发送数据块。在数据块传送过程中,若发生没有准备好发送数据的情况,将自动插入同步字符,直到下一个发送字符准备好为止。数据块发送完毕后,发送CRC校验码;在接收端,接收装置搜索到同步字符后,才开始接收串行数据位,同时将插入数据块中的同步字符从数据块中删除,并根据CRC校验码对数据块进行CRC校验。

2. 异步传输

异步传输是以字符为单位的数据传输,是用1个起始位表示字符的开始,用停止位表示字符结束,字符夹在起始位和停止位中间,传送字符之间用空闲位连接的传输方式,如图5-11所示。起始位占1位,通常为低电平,它除表示字符开始外,还用作字符同步信号。停止位可以是1位、1位半或2位,一般为高电平。

每个字符由数据位和奇偶校验位构成。数据位可以是5、6、7或8位,若少于8位,最右边的高位不传送,只传送有效位。奇偶校验位占1位,可选择奇校验或偶校验。空闲位一般为高电平,位长取决于两字符间的间隔。传送时,数据位从低位到高位逐位顺序传送。

3. 异步传输与同步传输的比较

异步传输需要在每一个字符的前、后插入起始位和停止位。因此,当传输的字符较多时,每一个字符的前后插入起始位和停止位将影响编码效率,不宜进行大量字符的连续传输。异步传输的传输速率较低,一般为50~9600 bit/s。因此,异步传输常用于传递信息量小、速率低的场合。但是异步传输的传输设备较同步传输的传输设备简单。

同步传输在数据块前面插入同步字符使系统同步工作,因此编码效率高,常用于传送信息量大、传输速率高的场合,其传输速率可达0.8 Mb/s,但传输设备较异步传输复杂。

在数字传输的矿井监控系统中,普遍采用异步传输方式,以降低传输设备的成本和减小体积。

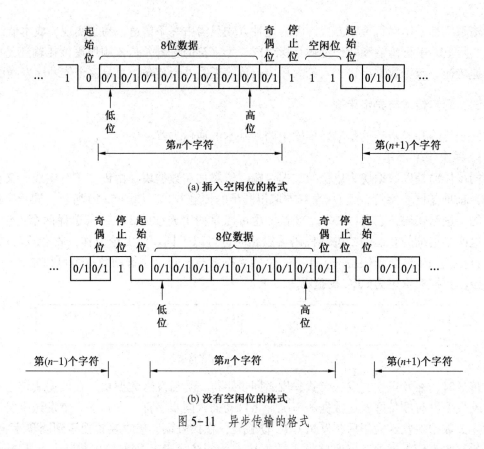

图 5-11 异步传输的格式

◎ **任务实施**

【任务要求】

随着煤矿监测监控技术的发展，通信传输方式也在发生着变化，请同学们搜索煤矿监测监控通信方式的资料。根据引导问题逐步学习、研讨，最终以 PPT 形式汇报成果。

【任务计划与实施】

引导问题 1：煤矿监测监控系统的信息流动方式有哪些？

引导问题 2：煤矿监测监控系统的信息传输方式有哪些？

◎ **思政小课堂**

通过学习煤矿安全监测监控系统信息传输方式的异同,培养学生对煤矿安全监测监控技术的创新思维,提高学生的创新能力,弘扬时代精神。

◎ **任务考核**

1.(判断题)单向传输系统,指信息在信道中的流向是由甲流向乙方向。(　　)

2.(判断题)双向传输系统,指井下分站可把信息传至地面中心站,中心站也可把信息或指令传至井下分站。(　　)

3.(多选题)煤矿监测监控信息传输方式按数据传输的流向和时间关系可分为(　　)数据传输。

A. 单工　　　　　B. 半双工　　　　　C. 全双工　　　　　D. 半单工

4.(判断题)串行传输速度快,适合距离远且传送数字数据的通信中。(　　)

5.(判断题)同步传输在数据块前面插入同步字符使系统同步工作,因此编码效率高,常用于传送信息量大、传输速率高的场合。(　　)

◎ **任务评价**

根据考核内容,学生完成自我小结并进行自评打分,教师根据学生活动情况进行点评并完成教师打分,最后按学生自评分×40%+教师评分×60%计算得分。

考核评价表

模块五	项目三 矿用信息传输方式			
班级		姓名		
评价类别	考核内容	分数	学生自评分	教师评分
知识目标	了解煤矿安全监测监控系统信息流动方式	20		
	了解煤矿安全监测监控系统信息传输方式	20		
能力目标	能叙述煤矿安全监测监控系统的单向和双向传输系统	20		
	能辨识煤矿安全监测监控系统串行传输、并行传输、同步传输和异步传输	20		
素质目标	培养学生科学严谨、求真务实的学习态度	20		
小计		100		

模块六　矿用甲烷超限报警断电装置的使用与维护

◎ **模块说明**

矿用甲烷超限报警断电装置主要用于井下甲烷闭锁、风电闭锁和甲烷风电闭锁，当掘进工作面局部通风机停止运转或风筒风量低于规定值时，或空气中甲烷浓度超限时，能自动切断被控设备电源的装置；当甲烷浓度低于复电浓度时，或与闭锁控制有关的设备工作正常并稳定运行后自动解锁。因此，甲烷超限报警断电装置是矿井安全监控设备最基本、最重要的功能。本模块主要学习便携式甲烷检测报警仪、车载式甲烷断电仪、矿用断电控制器、瓦斯电风电闭锁装置。

项目一　便携式甲烷检测报警仪

◎ **学习目标**

☞ 知识目标
（1）了解便携式甲烷检测报警仪结构与工作原理。
（2）了解便携式甲烷检测报警仪的使用。

☞ 能力目标
（1）能叙述便携式甲烷检测报警仪的结构组成。
（2）能操作便携式甲烷检测报警仪。

☞ 素质目标

培养学生"安全第一"的思想，树立责任意识，边干边想为什么，及时总结工作中的经验和教训。

◎ **案例导入**

2008年4月，葫芦岛市某煤矿-282 m阶段西翼第二组上山二横川掘进工作面发生一起重大瓦斯爆炸事故，造成16人死亡，2人轻伤，直接经济损失430.8万元。事故调查发现：-282 m阶段采、掘工作面不安设甲烷传感器；班长、瓦斯检查员不按照规定携带便携式甲烷检测报警仪；掘进工作面不按照规定使用水泡泥封堵炮眼，爆破不执行"一炮三检"和"三人连锁"爆破制度，火工品乱扔乱放；瓦斯检查员数量不足，替班人员无证上岗，瓦斯检查员没有检查记录。

◎ **知识链接**

便携式甲烷检测报警仪是一种可连续检测环境中甲烷浓度、具有数字显示、声光报警功能的便携仪器。当甲烷浓度超过设定的报警值时，仪器发出声光报警信号。便携式甲烷检测报警仪具有连续检测、数字显示甲烷浓度、自动声光报警、欠压显示、故障显示、体积小、重量轻、操作简单、使用方便等优点，是煤矿井下使用广泛的安全仪器。

知识点一 仪器结构、工作原理及主要技术

一、仪器结构与工作原理

便携式甲烷检测报警仪由机壳、传感器、电路板、电池组等主要部分组成。当催化元件与被测气体接触时，催化元件组成的电桥失去平衡，转换成电信号，经过放大和模/数转换用数码管显示出相应的甲烷浓度值，当甲烷浓度达到报警设定值时，同时产生闪光和声响讯号。

便携式甲烷检测报警仪通常采用载体催化原理和自然扩散取样方式；以百分比浓度显示测量值，显示值为3位以上有效读数，其分辨率不低于$0.01\% CH_4$，并能显示数值的正或负；在$0\sim4\% CH_4$范围内，当甲烷浓度稳定时，显示值的变化量不应超过$0.03\% CH_4$。

二、主要技术要求

（1）量程为$0\sim4\% CH_4$。

（2）基本误差与载体催化式甲烷传感器相同。

（3）工作稳定性应不小于15 d（每天运行10 h），响应时间不大于20 s。

（4）应能在$0.5\% CH_4 \sim 2.5\% CH_4$范围内任意设置报警点，报警显示值与设定值的差值应不超过$\pm 0.05\% CH_4$。报警声级强度在距其1 m处应不小于75 dB（A）；光信号在暗处的能见度不小于20 m。

（5）当工作位置发生变化时，其显示值的附加误差应不超过$\pm 0.03\% CH_4$。在8 m/s风速条件下，其指示值的漂移量应不超过$\pm 0.1\% CH_4$。

（6）便携式甲烷检测报警仪的电池应采用无记忆效应电池或具有防记忆效应措施。

◎ 知识加油站

使用移动端识别二维码，观看光学瓦斯检定器视频资源，了解光学瓦斯检定器的操作流程。

视频 光学瓦斯检定器的操作流程

知识点二 仪器的使用、调校及维护

一、《煤矿安全规程》相关规定

矿长、矿总工程师、爆破工、采掘区队长、通风区队长、工程技术人员、班长、流动电钳工下井时，必须携带便携式甲烷检测报警仪。瓦斯检查工必须携带便携式光学甲烷检测仪和便携式甲烷检测报警仪。安全监测工必须携带便携式甲烷检测报警仪。

二、仪器的使用

携带该仪器人员入井前，打开电源开关，使其处于工作状态，下班时关掉电源带上井，移交发放室。

该仪器一旦发出报警，仪器携带人员要立即停止工作，迅速查明原因，采取如停止工作、电气设备停电、撤出人员等措施；同时向矿调度室汇报，并通知通风区进一步查明情

况,采取相应措施处理。原因未查明或隐患未排除,不准恢复送电及工作。

便携式甲烷检测报警仪使用人员应妥善保管仪器,避免摔、碰和进水,不准随意拆卸或调整。

三、仪器的调校及维护

便携式甲烷检测报警仪的调校、维护及收发必须由专职人员负责。每班要清理气室上的粉尘,发放前必须检查便携式甲烷检测报警仪的零点和电压,不符合要求的严禁发放使用。

该仪器要及时使用充电器充电,并避免假充、反充、过充电。正常使用的仪器连续充电时间为 12~24 h,充电时仪器电源开关要处于"关"的位置。仪器长期不使用的,每个月进行一次充放电。在正常充电的情况下,电池输出的电压低于额定电压量的 60% 时,应及时更换电池。对该仪器的零点、指示值、报警点要定期调校,校准周期为 15 d,校准原始记录保存期为 12 个月,校准不合格或大修后的仪器必须进行通风安全仪器计量标校。

◎ **任务实施**

【任务要求】

甲烷检测报警装置在煤矿生产中广泛应用,请同学们搜索甲烷检测报警装置的应用案例,分析案例的特点。根据引导问题逐步学习、研讨,最终以 PPT 形式汇报成果。

【任务计划与实施】

引导问题 1:便携式甲烷检测报警仪主要功能是什么?

引导问题 2:简述便携式甲烷检测报警仪的组成。

引导问题 3:简述便携式甲烷检测报警仪的使用方法。

◎ 思政小课堂

通过学习甲烷检测报警仪相关知识，同学们感受到科技的力量，要树立科教创新、科技报国的信念，从而保障煤矿工人的安全与健康。

◎ 任务考核

1. （多选题）便携式甲烷检测报警仪具有（　　）等功能。
   A. 浓度监测　　　B. 浓度显示　　　C. 声光报警　　　D. 控制技术
2. （多选题）便携式甲烷检测报警仪由（　　）等主要部分组成。
   A. 机壳　　　　　B. 传感器　　　　C. 电路板　　　　D. 电池组
3. （单选题）便携式甲烷检测报警仪长期不使用的，（　　）进行一次充放电。
   A. 1个月　　　　B. 15天　　　　　C. 2个月　　　　 D. 半年
4. （单选题）便携式甲烷检测报警仪的量程为（　　）。
   A. 0~4%　　　　B. 0~5%　　　　 C. 0~6%　　　　 D. 0~8%
5. （判断题）在甲烷浓度超过测量范围上限时，具有保护载体催化元件的功能，并使显示值维持在超限报警状态。（　　）

◎ 任务评价

根据考核内容，学生完成自我小结并进行自评打分，教师根据学生活动情况进行点评并完成教师打分，最后按学生自评分×40%＋教师评分×60%计算得分。

考核评价表

模块六		项目一　便携式甲烷检测报警仪		
班级		姓名		
评价类别	考核内容	分数	学生自评分	教师评分
知识目标	了解便携式甲烷检测报警仪结构与工作原理	20		
	了解便携式甲烷检测报警仪的使用方法	20		
能力目标	能叙述便携式甲烷检测报警仪的结构组成	20		
	能操作便携式甲烷检测报警仪	20		
素质目标	培养学生"安全第一"的思想，树立责任意识，边干边想为什么，及时总结工作中的经验和教训	20		
	小计	100		

项目二 车载式甲烷断电仪

◎ 学习目标

☞ 知识目标

（1）掌握 DJC4/336 车载式甲烷断电仪的工作原理。

（2）掌握 DJC4/336 车载式甲烷断电仪的使用方法。

☞ 能力目标

（1）能操作 DJC4/336 车载式甲烷断电仪。

（2）能辨识 DJC4/336 车载式甲烷断电仪的组成结构。

☞ 素质目标

树立安全第一、生命至上的理念，培养学生一丝不苟、精益求精的工作态度。

◎ 案例导入

2022 年 9 月 15 日，山西省大同市某煤矿发生安全生产事故，造成一名矿工死亡。然而，2022 年 9 月 23 日该煤矿再次发生矿工死亡事故。在 2022 年 7 月 15 日的行政检查中，就存在 2220 掘进巷风筒末端距离工作面迎头 9 m，未按照安全风险分级管控措施执行，以及 8226 回采工作面采煤机未按规定设置机载甲烷断电仪的安全问题。

◎ 知识链接

车载式甲烷断电仪是安装在矿用防爆型蓄电池电机车、采煤机、掘进机等移动设备上监测甲烷浓度且有断电功能的仪器。这种断电仪能连续自动地检测机车等设备所在位置的甲烷浓度，当浓度超过标定的警戒值时仪器便发出声光报警信号；当浓度达到或超过预定的断电值时仪器能自动切断电源，使设备停止运行，实现甲烷闭锁。

知识点一　仪器结构与工作原理

一、DJC4/336 车载式甲烷断电仪

DJC4/336 车载式甲烷断电仪（以下简称断电仪）适用于煤矿有瓦斯（甲烷）和煤尘爆炸危险的场合，与 GJC4 煤矿用低浓度甲烷传感器配接，安装在蓄电池电机车上，能连续自动监测电机车所在位置的甲烷浓度，当甲烷浓度达到或超过预置报警值时，传感器立即发出声、光报警信号，当甲烷浓度达到或超过预置断电值时，断电仪立即断电（切断电机车用电），以确保生产安全。当甲烷浓度回落到预置解锁值以下时，断电仪自动解锁（恢复电机车用电），并继续进行监控。断电后在特殊情况下需要开动电机车时，必须使用专用工具操作，才能强行送电（手动解锁）。

断电仪由电机车蓄电池组供电。配接传感器由断电仪本质安全电源供电（用一根三芯电缆连接），传感器采用发光数码显示甲烷浓度、时间、报警点、断电点和解锁点等，调节采用软调节技术（可加安全锁），能自动储存数据（甲烷浓度）。断电仪具有本安电源短路（故障）自动保护功能，能确保长时间使用的安全性。

二、仪器命名

以 DJC4/336 车载式甲烷断电仪为例，D 代表断电仪，J 代表甲烷，C 代表车载式，4 代表测量范围（0~4%）甲烷，336 代表最高额定电压。

三、技术参数和性能

1. 使用环境条件
(1) 工作温度：0~40 ℃。
(2) 相对湿度：≤98%（25 ℃）。
(3) 气压：85~110 kPa。
(4) 贮存温度：-40~60 ℃。
(5) 用于煤矿井下有甲烷气体和煤尘的爆炸危险环境，无强烈振动及淋水的场所。

2. 主要技术参数
(1) 工作电压：48~336 V DC。
(2) 断电接点容量：440 V，230A DC。
(3) 输入信号：数字信号 485 输入信号，波特率 9600 b/s。
(4) 显示方式：四位红色发光数字显示。
(5) 工作方式：长时间连续工作方式。
(6) 断电仪主机本安参数：U_o = 12.5 V DC（直流）；I_o = 325 mA；C_o（电容）= 20 μF；L_o（电感）= 1 mH。
(7) 外形尺寸：300 mm×236 mm×279 mm。
(8) 重量：30 kg。
(9) 传感器工作电压：9~24 V DC。
(10) 开机延时：0~255 s 可选，出厂设置在 60 s。

3. 性能要求
(1) 装置的甲烷测量范围为 0.00%~4.00%，其基本误差符合表 6-1 的规定。

表 6-1 甲烷浓度的基本误差

甲烷浓度/%	基本误差/%
0.00~1.00	±0.10
>1.00~2.00	±0.20
>2.00~4.00	±0.30

(2) 装置各关联设备之间的信号误差应小于满量程的±0.5%。
(3) 主机与传感器的传输距离不小于 100 m（用单芯截面积为 1.5 mm² 的传输电缆）。
(4) 主机至传感器之间控制执行时间应不大于 2 s。
(5) 装置的报警点、断电点和解锁点的设定范围及误差应符合表 6-2 的规定。

表 6-2 报警点、断电点和解锁点设定范围及误差

设定点名称	报警点/%CH₄	断电点/%CH₄	解锁点/%CH₄
设定范围	0.50~1.50	0.50~2.00	>0.00~1.00
设定误差	当≤1.00时，±0.10；当>1.00时，±0.20		

（6）装置及主机的电源电压在 DC 48~336 V 范围内波动时，应能正常工作。

四、基本功能要求

（1）装置应有甲烷浓度、电源、断电、故障状态显示等功能。

（2）报警功能，当装置的甲烷浓度达到预置的报警点时，报警器和甲烷传感器应同时发出声、光报警信号。当甲烷浓度恢复到预置报警点以下时，应能解除自动报警。装置的甲烷传感器、声光报警器应发出声、光报警信号，声级强度应不小于 80 dB（A），光信号在暗处能见度应不小于 20 m。

（3）装置在下列情况时应能实现闭锁：
①当主机移动过程中甲烷浓度达到预置的断电点时（出厂应设在 1.50%CH₄ 处）；
②当传感器发生电源或信号线开路、短路等故障时；
③当主机失电时；
④当主机在送电 1 min 以内。

（4）装置在下列情况时应能自动解锁：
①当被测甲烷浓度降到预置解锁点时（出厂应设在 0.50%CH₄ 处）；
②当排除故障恢复正常运行并达到稳定时；
③当主机送电 1 min 后正常运行时。

（5）必须使用专用工具方能进行人工解锁操作。

五、工作及调节方式

1. 工作方式
（1）报警方式：红灯闪亮、警报声。
（2）断电显示方式：传感器红色数字闪亮，断电仪绿灯闪亮。

2. 调节方式
（1）传感器面板按键调节。
（2）用遥控器调节。

六、仪器结构与工作原理

1. 仪器结构
（1）DJC4/336 车载式甲烷断电仪外形结构如图 6-1 所示。
（2）断电仪配接的 GJC4 传感器外形结构如图 6-2 所示。

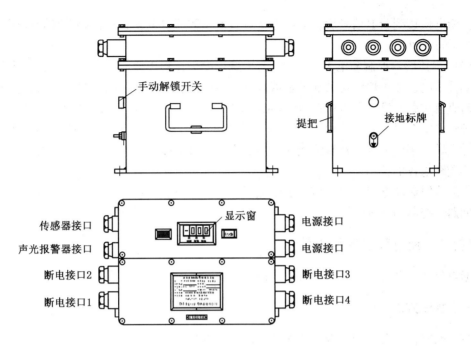

图 6-1 DJC4/336 车载式甲烷断电仪外形结构图

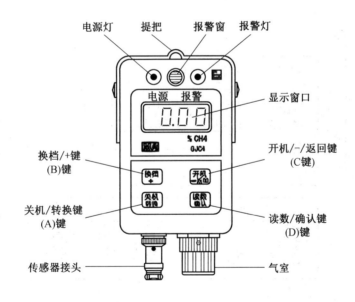

图 6-2 GJC4 传感器外形结构图

2. 断电仪的工作原理

（1）来自蓄电池的直流电源，经开关电源电路降压为直流 12 V，经双重限流电路、双重限压电路和电源短路（故障）自动保护电路，输出 12 V、515 mA 的本质安全电源，供传感器使用。

（2）当甲烷浓度达到或超过断电值时，立即发出红色数字闪光，并向断电仪发出断电信号。断电仪接到断电信号后，立即停止对直流接触器供电，直流接触器接点断开，电机车停止运行。

（3）由传感器控制断电 1 min 后，若甲烷浓度仍在解锁值或解锁值以上，则由传感器控制继续断电；若甲烷浓度已在解锁值以下，传感器将立即停止电报警器报警，同时立即恢复对直流接触器供电，直流接触器接点吸合，电机车恢复运行。断电后，在特殊情况下需要开动电机车时，必须使用专用工具（手动解锁钥匙），将手动解锁钥匙插入手动解锁开关并左转至手动位置，对直流接触器强行供电，直流接触器接点吸合，电机车将持续运行而不受断电仪的控制。

车载式甲烷断电仪主要由信号控制主板、电源回路、甲烷检测电路、显示回路、声光报警回路、控制回路等组成。

知识点二　断电仪的使用方法

断电仪在下井使用前必须进行通电检查、功能试验和精度校准。

一、接线方法

打开断电仪上盖，即可看到图 6-3 所示的接线腔。

在本安腔内，来自传感器电缆的 15 V、G、XH 分别接至接线板上的 15 V、GND、XH。

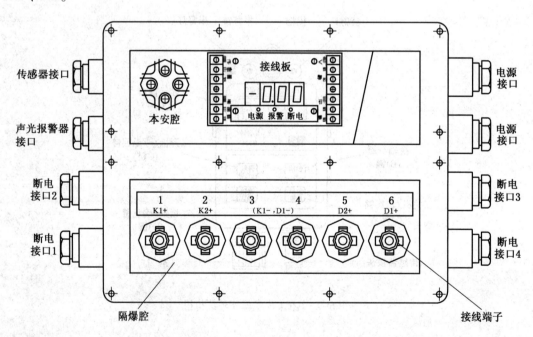

图 6-3　DJC4/336 断电仪接线腔

在隔爆腔内，根据蓄电池组的供电方式和电机车的控制方式，有两种接线方式。
（1）若电机车为单电源供电，则采用并联接法，如图 6-4 所示。
（2）若电机车为双电源供电，则采用串并联接法，如图 6-5 所示。

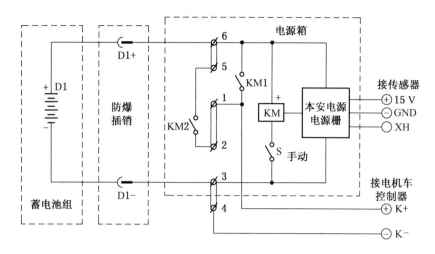

图 6-4　单电源供电采用并联接法

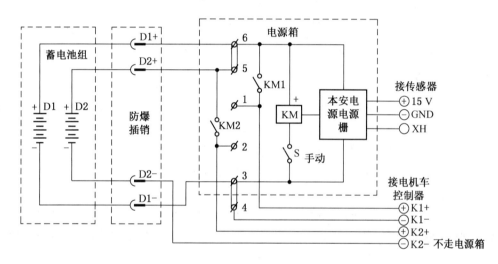

图 6-5　双电源供电采用串并联接法

二、通电检查和功能试验

将断电仪与传感器连接起来,并按图 6-4 单电源供电,采用并联接法,接入蓄电池组电源;电机车控制器先用万用表代替接入,打在 250 V 电压挡,观察是否给电机车控制器送电。

接线经检查无误后方可送电,此时手动解锁开关应右转处于自动位置。送电后,传感器电源指示灯(绿色)应亮,红色数字应闪光断电指示。传感器显示值若不在 0.50 以下,则应进行调整。进行调整时,应先按 A 键,1 s 之内再按 D 键,此时末位的小数点亮,表示传感器已进入调零(第 1)状态,重复按 B 键可使显示值递加,重复按 C 键可使显示值递减,进行上述操作,使显示值在 0.50 以下,然后按 D 键确认并退出调零状态,返回甲烷检测状态。

此时，万用表应一直指示 0 V。1 min 后，数字应停止闪光，万用表指针的状态发生变化，指示蓄电池组的电源电压，代表向电机车控制器送电。

用上述方法调节使显示值达到或超过 1.00% CH_4 时，传感器报警灯（红色）应闪亮，并发出警报声。

用上述方法调节使显示值达到或超过 1.50% CH_4 时，数字应闪光，万用表指针回 0 V，代表停止向电机车控制器送电（断电），进入闭锁状态。

打开手动解锁开关盖，将手动解锁钥匙插入并左转至手动位置，可听到直流接触器的吸合声，万用表指针应指示蓄电池组的电源电压，代表强行向电机车控制器送电，试好后，再将手动解锁钥匙右转至自动位置，恢复闭锁状态。

用上述方法调节使显示值不低于 0.50% CH_4，观察 3 min，断电仪仍应保持闭锁状态。

用上述方法调节使显示值低于 0.50% CH_4，传感器数字应立即停止闪光，万用表指针指示蓄电池组的电源电压，代表向电机车控制器送电，断电仪自动解锁。

将断电仪上传感器接线板的 15 V 与 GND 短路一下，传感器电源指示灯（绿色）应熄灭，传感器失电，约 6 s 后，若电路的"短路故障"已排除，则自动恢复供电，传感器电源指示灯（绿色）应亮，从而起到本质安全电源自动保护作用。

三、精度校准（传感器）

在新鲜空气中，开机预热 30 min，观察传感器的显示值是否为 0.00，否则应进行零点调整。进行零点调整时，应先按 A 键，1 s 之内再按 D 键，此时末位的小数点亮，表示传感器已进入调零（第 1）状态。重复按 B 键可使显示值递加，重复按 C 键可使显示值递减，进行上述操作，使显示值为 0.00，然后按 D 键确认并退出调零状态，返回甲烷检测状态，零点调整结束。

零点调好后，将传感器的气室套上校正气嘴，通入浓度为 2.00% CH_4 标准气样，控制流量在 200 ml/min 左右，待显示值稳定后，观察显示值是否为标准气样值，否则应进行精度调整。

进行精度调整时，应先按 A 键，1 s 之内再按 D 键，此时末位的小数点亮，表示传感器已进入第 1 状态。重复上述操作，此时首位的小数点亮，表示传感器已进入精度调整（第 2）状态。重复按 B 键可使显示值递加，重复按 C 键可使显示值递减，按 A 键可改变递加或递减的速度，进行上述操作，使显示值为标准气样值，然后按 D 键确认并退出精度调整状态，返回甲烷检测状态，精度调整结束。

四、安装和使用

断电仪和传感器在地面进行通电检查、功能试验和精度校准后，建议再进行 24 h 的稳定性试验，经试验各项指标和功能均正确无误后，按照电机车的控制方式接好线，盖上上盖，上好螺钉，并将断电仪和传感器安装在电机车上合适位置，进行井上行车试验。

井上行车试验正常，才能下井试验。

下井试验正常 24 h 后，应进行复查。复查时应带上新鲜空气、2.00% CH_4 标准气样和流量计等工具，对传感器的零点和精度进行检查和调整。

正常情况下，以后每隔一周复查一次。

五、注意事项

（1）严禁带电开盖。

（2）只有经过专门培训的专职人员才可对断电仪和传感器进行通电检查、功能试验、精度校准、安装和调试等工作。

（3）严禁在井下或有爆炸危险的场所拆卸断电仪和传感器。断电仪必须与配接设备配接使用，与其他配接设备配接使用时，必须另做防爆检验。

（4）断电仪和传感器在运输和使用过程中应防止水滴溅入，避免经受猛烈撞击和挤压。

（5）断电仪和传感器不可在含有高浓度硫化氢（H_2S）气体的矿井中长期使用。

（6）根据使用情况，应对传感器的气室进行定期和不定期的清洗。

（7）注意不要碰坏隔爆面、不得丢失引入装置的密封圈、注意适当拧紧压紧螺母。

（8）检修时不得更改元器件的规格、型号、参数。

六、保管与维修

（1）断电仪和传感器应有专人保管，并建立登记制度，将使用情况一一记录在册。

（2）断电仪和传感器长期不用，应放在通风干燥处贮存，避免与硫化氢等有害气体接触，每季度通电检查1次。

（3）禁止随意拆卸断电仪和传感器，维修工作应有经过专门培训的专业人员担任。维修时不得擅自更换本安电路部分的元器件，印制板在更换元器件和焊接后，应涂两遍三防漆。

◎ **任务实施**

【任务要求】

车载式甲烷断电仪是安装在矿用防爆型蓄电池电机车、采煤机、掘进机等移动设备上的监测甲烷浓度且有断电功能的仪器。请同学们梳理总结车载式甲烷断电仪的工作原理及使用方法，并搜集应用案例。根据引导问题逐步学习、研讨，最终以PPT形式汇报成果。

【任务计划与实施】

引导问题1：DJC4/336车载式甲烷断电仪的主要用途是什么？

引导问题 2：DJC4/336 车载式甲烷断电仪的产品特点是什么？

引导问题 3：DJC4/336 车载式甲烷断电仪的每个字母和数字的含义是什么？

◎ **思政小课堂**

近年来，随着车载式甲烷断电仪研究和应用的不断深入，车载式甲烷断电仪向着智能化、数字化、网络化和集成化的方向发展，引导同学们了解煤炭行业智能开采的前沿和未来智慧矿山的工作环境，坚定同学们扎根煤炭行业、服务煤炭生产安全的信念，激励同学们以更高的热情投入专业课程的学习中。

◎ **任务考核**

1. （多选题）断电仪适用于煤矿中有（　　）危险的场合。
   A. 瓦斯（甲烷）爆炸　　　　　　B. 煤尘爆炸
   C. 矿井火灾　　　　　　　　　　D. 矿井水灾

2. （多选题）DJC4/336 车载式甲烷断电仪应有（　　）等功能。
   A. 甲烷浓度　　B. 电源　　C. 断电　　D. 故障状态显示

3. （多选题）断电仪在下井使用前必须（　　）。
   A. 通电检查　　B. 功能试验　　C. 调试　　D. 精度校准

4. （单选题）当甲烷浓度达到或超过断电值时，立即发出（　　）数字闪光，并向断电仪发出断电信号。
   A. 黄色　　B. 红色　　C. 蓝色　　D. 绿色

5. （判断题）车载式甲烷断电仪主要由信号控制主板、甲烷检测电路、显示回路、声光报警回路等组成。（　　）

◎ **任务评价**

根据考核内容，学生完成自我小结并进行自评打分，教师根据学生活动情况进行点评并完成教师打分，最后按学生自评分×40%+教师评分×60% 计算得分。

考核评价表

模块六	项目二 车载式甲烷断电仪			
班级		姓名		
评价类别	考核内容	分数	学生自评分	教师评分
知识目标	掌握DJC4/336车载式甲烷断电仪的工作原理	20		
	掌握DJC4/336车载式甲烷断电仪的使用方法	20		
能力目标	能操作DJC4/336车载式甲烷断电仪	20		
	能辨识DJC4/336车载式甲烷断电仪的组成结构	20		
素质目标	树立安全第一、生命至上的理念，培养学生一丝不苟、精益求精的工作态度	20		
	小计	100		

项目三 矿用断电控制器

◎ 学习目标

☞ 知识目标

（1）了解矿用断电控制器结构。

（2）了解矿用断电控制器工作原理。

（3）掌握KDG660矿用隔爆兼本安型断电控制器的使用方法。

☞ 能力目标

（1）能熟练操作KDG660矿用隔爆兼本安型断电控制器。

（2）能阐述KDG660矿用隔爆兼本安型断电控制器的工作原理。

☞ 素质目标

培养学生认认真真做人、踏踏实实做事，孜孜不倦学习、坚持不懈创新。

◎ 案例导入

2024年1月，山西柳林县应急管理局在对山西某煤业有限公司进行安全检查中，发现该公司井下馈电传感器设置不全，全矿29处断电控制只安设了3个馈电，不能监测到全部被控设备的馈电状态；安全监控系统、人员位置监测系统入井口线缆未设有防雷接地；矿井一氧化碳传感器使用50 ppm调校，未按照说明书要求采用500 ppm或200 ppm标气浓度调校等9处安全生产隐患，处罚金额228万元。

◎ 知识链接

矿用断电控制器具有执行地面监控中心发出的控制指令或井下监控分站发出的远程断电指令，自动控制井下设备开关高低压控制回路，实现远程断电的功能。矿用断电控制器用于煤矿井下所有装有交流控制开关回路的机电设备及所有具有爆炸危险的场所。

矿用断电控制器主要用于甲烷闭锁、风电闭锁和甲烷风电闭锁，当掘进工作面局部通风机停止运转或风筒风量低于规定值或甲烷浓度超限时，能自动切断被控设备电源；当甲烷浓度低于复电浓度时，或与闭锁控制有关的设备工作正常并稳定运行后，自动解锁。

知识点一　矿用断电控制器结构与工作原理

一、矿用断电控制器的组成

矿用断电控制器的组成如图6-6所示。

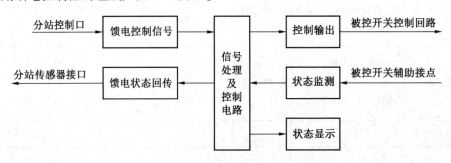

图6-6　矿用断电控制器组成图

断电控制器由馈电控制信号输入电路、馈电状态回传输出电路、信号处理及控制电路、控制输出电路、状态监测电路、状态显示电路、电源等组成。

二、矿用断电控制器的工作原理

1. 馈电控制信号电路

该电路一般由本质安全防爆隔离和抗干扰隔离的光电耦合器等电路组成，用于接收分站输出的断电控制信号，再传输给信号处理及控制电路。

2. 控制输出电路

该电路一般由电磁继电器、驱动电路、消弧保护电路等组成，将信号处理及控制电路输出的断电器控制信号放大后，驱动电磁继电器动作，控制被控开关的控制回路。

3. 状态监测电路

该电路用于监测受断电控制器控制的被控开关馈电状态。一般有两种监测方式：一种是直接监测被控开关的负载侧的电压，但这样会增加断电控制器的成本；另一种是通过监测被控开关的辅助接点关闭状态，间接监测被控开关的馈电状态。另外，也可通过监测被控开关控制回路电压，间接监测被控开关的馈电状态，但这种馈电状态监测方法不如直接监测馈电开关负载侧电压或监测被控开关辅助接点有效。

4. 馈电状态回传电路

该电路由本质安全防爆隔离和抗干扰隔离的光电耦合器等电路组成,可将监测电路监测到的被控开关馈电状态信号送分站。

5. 信号处理及控制电路

该电路可采用单片机或数字电路等多种方式。对于复用传输线的串行数字输入/输出电路,信号处理及控制电路一般采用单片机完成串行数字通信、译码、逻辑控制等功能。对于不复用传输线的开关量输入/输出电路,信号处理电路比较简单,完成逻辑控制等功能。

6. 状态电源电路

断电控制器一般由分站电源供电,其电源电路一般采用稳压器或 AC/DC 变换电路;也有采用交流供电,这样的电源电路就比较复杂,一般由隔离降压变压器、整流电路、滤波电路、双重化限流限压电路(或稳压恒流电路)等组成。

7. 显示电路

该电路用来指示电源、馈电状态、输出状态等。

知识点二　矿用断电控制器技术参数及使用

一、KDG660 矿用隔爆兼本安型断电控制器

KDG660 矿用隔爆兼本安型断电控制器(以下简称断电器)是矿井安全监控系统的配套设备,与 KJ19-F(A)矿用隔爆兼本安型安全监控分站配套使用实现远程断电。KJ19-F(A)监控分站发出断电信号,此信号作为断电器的输入信号经断电器处理后,切断相关巷道内的动力电源。同时,断电器将有电无电信号反馈给 KJ19-F(A)监控分站。

(1)防爆型式:矿用隔爆兼本安型。
(2)防爆标志:Exd ib Ⅰ。
(3)型号及规格:

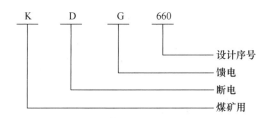

(4)整机尺寸:325 mm×124 mm× 232 mm。
(5)整机重量:5 kg。

二、工作环境

(1)环境温度:0~40 ℃。
(2)相对湿度:≤98%(25 ℃)
(3)压强:86~110 kPa。

(4) 甲烷、煤尘爆炸危险的环境。
(5) 介质无腐蚀性气体。
(6) 温度范围为-40~+60 ℃。

三、主要性能参数

(1) 供电电源电压：9~24 V DC。
(2) 本安参数：$U=18$ V，$I=80$ mA，$C=0.5$ μF，$L=0$ mH。
(3) 电缆参数：电缆的截面积应不大于 1.5 mm^2 的电缆，传输电缆 MHYVRP1×2，电缆分布电容 60 uF/km，电缆分布电感 0.8 mH/km，电缆分布电阻 13.5 Ω/km。
(4) 输出控制接点：
①电量：240V AC/1A 或 210V DC/1A（阻性负载）；
②数量：一组动合触点，一组动开触点。其中，选择固态继电器时只有动合触点，每次只能通过跳线选择一个继电器。
(5) 馈电检测电压：127~1140 V AC。
(6) 与 KJ19-F（A）矿用隔爆兼本安型安全监控分站之间的通信方式：
①传输方式：主从、异步、半双工、RS485；
②传输速率：9600 bps；
③信号电压峰峰值：1~10 V。
(7) 最大传输距离 2 km。
(8) 输出开关量信号（馈电信号）：当无电时输出 2 mA 电流信号，当有电时输出 8 mA 电流信号。

四、工作流程

(1) 上电后电源指示灯亮。
(2) 到正确断电或复电指令时由单片机对继电器实施控制并且点亮继电器状态灯。
(3) 电信号进行判断，如果在断电的情况下仍有电信号回馈则说明有故障现象，这样故障指示灯就会点亮。

五、安装和调试

(1) 断电控制器可以安装在距被控设备不超过 10 m 的地方，外部连接如图 6-7 所示，内部接线如图 6-8 所示。
(2) 断电器下井使用前，应在井上通电检查和调试，并进行 1~2 天的试验运行，正常后方可下井。
(3) 外壳应无严重砸伤、撞伤。所有紧固件不得有松动或失落。
(4) 通电检查：按图 6-7 正确接线后用拨码开关选择地址，用跳线选择机械继电器。将断电器的输出端串入交流 220 V 的灯泡回路中，然后由监控分站向断电器发送断电指令，这时灯泡应灭，监控分站向断电器发送复电指令，灯泡应亮。将馈电信号线断开，监控分站向断电器发送复电指令，此时故障指示灯点亮，即说明故障指示正常。

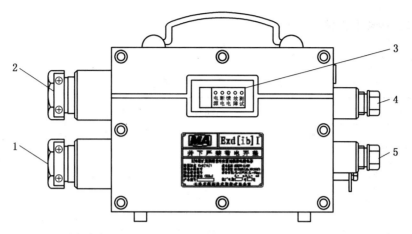

1—控制输出接线喇叭嘴；2—馈电引入接线喇叭嘴；3—状态指示窗；
4—电源进线喇叭嘴；5—通信电缆出线喇叭嘴

图 6-7 断电控制器外部连接示意图

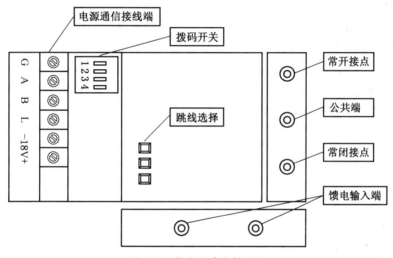

图 6-8 断电器内部接线图

G—接通信线屏蔽层；L—2 mA/8 mA 信号线；A—485 通信 A 线；B—485 通信 B 线；-—18 V 电源负极；+—18 V 电源正极；

拨码开关 1234-对应数字 1248，拨到数字端有效，将有效位上的数字相加即为本断电器的地址，上电后显示窗显示地址值；

馈电输入两端子无极性；

跳线选择：可以选择机械继电器和交/直流固态继电器。

六、使用和维修

（1）必须指定专人负责使用和维护。

（2）断电器法兰接线柱有防爆接合面，使用维修时需保护好。

（3）在使用和维修中不得擅自拆开模块。

（4）断电器在未接任何接线的情况下，可在井下更换模块。

七、常见故障和排除

断电器常见故障和排除方法见表6-3。

表6-3　断电器常见故障和排除方法

故障现象	产生故障的可能部位	排除方法
1. 控制不灵	1. 线路短线 2. 模块故障	1. 检查线路 2. 更换模块
2. 上电无显示	1. 显示板坏 2. 主板损坏	1. 维修或更换显示板 2. 维修或更换主板

◎ 任务实施

【任务要求】

矿用断电控制器具有执行地面监控中心发出的控制指令或井下监控分站发出的远程断电指令，自动控制井下设备开关高低压控制回路，实现远程断电的功能。请同学们搜索我国矿用断电控制器的种类，分析不同型号软件的功能。根据引导问题逐步学习、研讨，最终以PPT形式汇报成果。

【任务计划与实施】

引导问题1：矿用断电控制器的工作原理是什么？

引导问题2：简述KDG660矿用隔爆兼本安型断电控制器。

引导问题3：请总结矿用断电控制器的操作步骤及适用范围。

◎ **思政小课堂**

断电控制是煤矿安全监控设备基本和重要的功能之一，有效、及时的断电，可以及时发现电气安全隐患，避免生产安全事故的发生。通过学习矿用断电控制器，培养同学们扎扎实实做好工作的职业习惯，在未来的工作岗位上不断开拓创新。

◎ **任务考核**

1. （多选题）矿用断电控制器由分站断电控制信号输入电路、馈电状态回传输出电路、信号处理及控制电路、（　　）等组成。

    A. 断电控制输出电路　　　　　　　　B. 馈电状态监测电路
    C. 显示电路　　　　　　　　　　　　D. 电源

2. （多选题）矿用断电控制器主要用于实现（　　）功能，当掘进工作面局部通风机停止运转或风筒风量低于规定值或甲烷浓度超限时，能自动切断被控设备电源。

    A. 甲烷闭锁　　B. 风电闭锁　　C. 甲烷风电闭锁　　D. 闭锁控制功能

3. （单选题）KDG660矿用隔爆兼本安型断电控制器最大传输距离为（　　）。

    A. 2 km　　　B. 5 km　　　C. 10 km　　　D. 15 km

4. （判断题）KJ19-F（A）监控分站发出断电信号，此信号作为断电器的输入信号经断电器处理后，切断相关巷道内的动力电源。（　　）

5. （判断题）KDG660矿用隔爆兼本安型断电控制器适用于瓦斯、煤尘爆炸、火灾危险的环境。（　　）

◎ **任务评价**

根据考核内容，学生完成自我小结并进行自评打分，教师根据学生活动情况进行点评并完成教师打分，最后按学生自评分×40%+教师评分×60%计算得分。

考核评价表

模块六		项目三　矿用断电控制器		
班级		姓名		
评价类别	考核内容	分数	学生自评分	教师评分
知识目标	了解矿用断电控制器的结构	20		
	了解矿用断电控制器的工作原理	15		
	掌握KDG660矿用隔爆兼本安型断电控制器的使用方法	15		
能力目标	能熟练操作KDG660矿用隔爆兼本安型断电控制器	15		
	能简述KDG660矿用隔爆兼本安型断电控制器的工作原理	15		
素质目标	培养学生认认真真做人，踏踏实实做事，孜孜不倦学习，坚持不懈创新	20		
	小计	100		

项目四　甲烷电、风电闭锁装置

◎ 学习目标

　　☞ 知识目标
　（1）了解甲烷电、风电闭锁装置结构；
　（2）了解甲烷电闭锁原理；
　（3）了解甲烷风电闭锁原理。
　　☞ 能力目标
　（1）能叙述甲烷风电闭锁的执行条件与方法；
　（2）能阐述甲烷风电闭锁实现的方法。
　　☞ 素质目标
　培养学生的创新意识和工匠精神，促使学生掌握先进科学技术，为煤矿安全监测监控发展奉献自己的力量。

◎ 案例导入

　　某煤矿采用 KJ31N 矿井安全监控系统，采用 KJ31N 的 P2782 区域控制器来执行逻辑功能控制，采用 DJS-3 断电控制器来完成断电闭锁。DJS-3 断电控制器具有故障闭锁功能，可输出 3 路断电触点，易实现多路断电控制，使用方便，在掘进工作面甲烷风电闭锁与综采工作面瓦斯闭锁有良好的应用。

　　正常工作的局部通风机停止运转停风后或者风筒中风速低于规定值时，甲烷风电闭锁装置能切断供风区内全部非本质安全型电气设备的电源，并闭锁，期间人工送不上电；当局部通风机恢复正常通风或者风筒中风速大于规定值时，装置应自动解锁，方可人工送电。

◎ 知识链接

　　《煤矿安全规程》规定，所有矿井必须装备安全监控系统，安全监控系统必须具备甲烷电闭锁和风电闭锁功能。当主机或系统电缆发生故障时，必须保证甲烷电闭锁和风电闭锁的全部功能。安全监控设备必须具有故障闭锁功能：当与闭锁控制有关的设备未投入正常运行或故障时，必须切断该监控设备所监控区域的全部非本质安全型电气设备的电源并闭锁；当与闭锁控制有关的设备工作正常并稳定运行后，自动解锁。

知识点一　甲烷电、风电闭锁

一、风电闭锁

　　掘进工作面的局部通风机停止工作后，工作面及其附近巷道会聚集瓦斯、煤尘及其他有害气体。如果这时工作面和巷道中的电气设备仍然带电工作，就有可能成为引起瓦斯、煤尘爆炸的火源。根据一些典型事故的分析，绝大多数由电火花引起的瓦斯爆炸事故是在这种情况下发生的，因此十分危险。

　　为消除这种事故隐患，要求在局部通风机停止运转时，能立即切断局部通风机供风巷道中的一切电源，这就是风电闭锁。其作用是防止停风或瓦斯超限的掘进工作面在送电后产生电火花而造成瓦斯燃烧或爆炸。局部通风机本身也是电气设备，在它停止运行一段时间后恢复送电时，如果瓦斯浓度超限，同样有可能引起瓦斯爆炸。为确保安全，在恢复局部通风机通风之前必须按《煤矿安全规程》的规定先检查甲烷浓度。此外，在局部通风机开动后，掘进工作面和巷道中的有害气体，需要经过一段排放时间才能稀释到安全浓度。因此，在局部通风机恢复送电后也不能立即接通掘进工作面电源，而是应该先检查工作面及巷道中的甲烷浓度。由于开动局部通风机和恢复工作面及巷道的供电之前都必须检查甲烷浓度，所以，在采用风电闭锁时，在闭锁电路中不允许采用时间继电器来延时自动接通掘进工作面电源，必须由指定人员开动局部通风机和人工恢复掘进电源。在掘进工作面使用甲烷自动检测报警断电装置，只准人工复电。

风电闭锁采用 2 台磁力启动器进行连锁控制，其中 1 台接通风机，另 1 台接掘进工作面电气设备，实现先通风后通电，风机停转时，掘进工作面电源同时被切断。

二、甲烷电闭锁

甲烷电闭锁是指掘进工作面中设置的甲烷监测装置，当监测到工作环境中甲烷浓度超限时自动切断动力电源，停止供电，只有甲烷浓度降低到规定值以下时方可恢复送电。

甲烷电闭锁装置应具备下列功能：

（1）掘进工作面甲烷浓度达到或超过 1.5% 时，系统应能切断掘进巷道内全部非本质安全型电气设备的电源并闭锁；当掘进工作面甲烷浓度低于 1.0% 时，系统应能自动解锁。

（2）掘进工作面回风流中的甲烷浓度达到或超过 1.5% 时，系统应能切断掘进巷道内全部非本质安全型电气设备的电源并闭锁；当掘进工作面回风流中的甲烷浓度低于 1.0% 时，系统应能自动解锁。

（3）被串掘进工作面进风流中甲烷浓度达到或超过 0.5% 时，系统应能切断被串掘进巷道内全部非本质安全型电气设备的电源并闭锁；当被串掘进工作面进风流中甲烷浓度低于 0.5% 时，系统应能自动解锁。

（4）与闭锁控制有关的设备（含主机、甲烷传感器、设备开停传感器等）故障或断电时，系统应能切断该设备所监控区域的全部非本质安全型电气设备的电源并闭锁；与闭锁控制有关的设备接通电源 1 min 内，系统应继续闭锁该设备所监控区域的全部非本质安全型电气设备的电源；当与闭锁控制有关的设备工作正常并稳定运行后，系统应能自动解锁。

甲烷电闭锁是由甲烷传感器、监控分站、断电控制器和高压开关构成，如图 6-9 所示。分站实现就地断电闭锁功能。

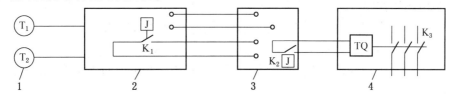

1—甲烷传感器；2—监控分站；3—断电控制器；4—高压开关

图 6-9 甲烷电闭锁

甲烷电闭锁工作原理：由甲烷传感器测得 CH_4 浓度信号送给监控分站，当甲烷浓度超限时，监控分站（断电仪）显示 CH_4 浓度，其常开触点 K_1 闭合，接通断电控制器电路，其常开触点 K_2 闭合，接通高压开关内的脱扣线圈 TQ 电路使高压开关跳闸，切断了掘进工作面电气设备的电源，实现了甲烷电闭锁。

与闭锁控制有关的设备（含分站、甲烷传感器、设备开停传感器、电源、断电控制器、电缆、接线盒等）故障或断电时，声光报警、切断该设备所监控区域的全部非本质安全型电气设备的电源并闭锁；与闭锁控制有关的设备接通电源 1 min 内，继续闭锁该设备所监控区域的全部非本质安全型电气设备的电源；当与闭锁控制有关的设备工作正常并稳定运行后，自动解锁。严禁对局部通风机进行故障闭锁控制。

三、甲烷风电闭锁

《煤矿安全监控系统通用技术要求》（AQ 6201—2019）规定，局部通风机停止运转，掘进工作面或回风流中甲烷浓度大于 3.0%，必须对局部通风机进行闭锁使之不能启动，只有通过密码操作软件或使用专用工具方可人工解锁；当掘进工作面或回风流中甲烷浓度低于 1.5% 时，自动解锁；严禁对局部通风机进行故障闭锁控制。

甲烷风电闭锁控制是在包括风电闭锁和甲烷电闭锁控制内容基础上，增加了组合逻辑控制，即把巷道内甲烷浓度是否大于 3.0%、巷道是否停风作为共同条件，对局部通风机开关进行有别于常规的闭锁控制。

安全监控系统实施甲烷风电闭锁控制的目的是在掘进工作面或回风流中甲烷浓度大于 3.0%，同时掘进工作面又停风的情况下，对局部通风机实施特殊控制，使之不能随意启动，避免在无计划、无措施情况下随意启动风机造成"一风吹"排放瓦斯，避免在瓦斯超限的情况下启动局部通风机。

1. 甲烷风电闭锁执行条件与方法

甲烷风电闭锁控制的执行必须同时具备 2 个条件：①巷道内甲烷传感器测量甲烷浓度大于 3.0%；②巷道内局部供风由于供电、故障等其他原因停止了（停风意味着该工作面所有局部通风机开关均处于停止状态）。

方法：分站经由断电控制器对所有局部通风机开关进行一对一的闭锁控制。

监控装置对局部通风机开关进行的闭锁控制条件是开关已经处于停止状态，而且闭锁控制的效果和目的是使之不能启动。因此接入局部通风机开关内部的常闭控制触点最理想的接法是直接与开关启动按钮串接，而不是与开关操作回路串接。也就是说该闭锁控制的最佳效果和目的是让开关的启动按钮在控制状态下失去作用。这样接线的目的在于避免由于控制线路断线造成局部通风机开关停止工作乃至停风超限。

甲烷风电闭锁控制自动解锁的唯一条件：巷道内各甲烷传感器测得的甲烷浓度均低于 1.5%。人工强制解锁的方法：采用中心站软件手控解除断电或使用专用工具在分站解除。

2. 关联设备条件及注意事项

（1）风机开关的启动按钮能够断开并引出线，接线腔有可用的接线柱，能为引入线提供喇叭嘴。

（2）禁用故障闭锁。依据《煤矿安全规程》和相关规定要求，当甲烷传感器断线、分站和断电控制器停电不工作时，常规断电控制都应等同于甲烷浓度超限进行控制，停止工作面的供电。但在同等情况下却不允许对局部通风机开关进行控制，这是为了最大限度地保障局部通风机的正常供风。

（3）断电控制器适用，要求具备输出触点的状态只受分站输出的控制信号控制，不受其本身有电、无电影响。

（4）电源箱功率适用，能带动2~3台甲烷传感器、4~6台开停传感器、5~6台使用直流供电的断电控制器。

（5）若分站只提供一路控制输出用于甲烷风电闭锁，就需要解决分站控制输出与多台断电控制器的串、并接问题。

（6）更加严格的管理要求。如果是中心站通过测点定义编制甲烷风电闭锁控制的修改测点和逻辑关系，相关管理必须非常慎重严谨。如果是由固化程序的分站执行，井下接线操作时必须保证零差错，所有接触、安装、维护的人员必须熟练掌握甲烷风电闭锁控制的相关技术内容。

知识点二　甲烷电、风电闭锁装置的应用与管理

一、甲烷电、风电闭锁装置的应用

1. 风电闭锁装置的应用

风电闭锁装置可以采取连锁接线法与监控系统风电闭锁两种方法。

1）连锁接线法

掘进工作面（或其他采用局部通风机供风的工作面）均以磁力启动器作为供电设备。磁力开关本身具有连锁控制功能，接线方法的要点是在受控磁力启动器的控制回路中接入一对局部通风机开关的辅助接点。以QC83-80型磁力启动器为例，将掘进工作面总开关的9号线与地断开，接到局部通风机开关的13号线上。如图6-10所示。从图6-10中可以看出，局部通风机运行时其开关的辅助接点C_3闭合，当按下工作面总开关的启动按钮QA（或停止按钮TA）时，控制回路闭合（断开），工作面总开关被启动（断开电源）。当局部通风机停止运转时，其开关的辅助接点C_3打开，工作面总开关的控制回路被断开，故送不上电，实现了停风时立即切断供风区动力电源的风电闭锁功能。

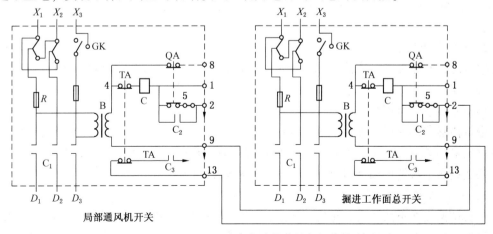

图6-10　QC83-80磁力启动器的风电闭锁接线图

2) 监控系统风电闭锁法

安设开关量传感器,中心站设定其断电控制的状态,通过系统内断电器实现风电闭锁的方法简称为监控系统风电闭锁法。它适用于局部通风机开关和掘进工作面总开关相距较远的场所,也可替代连锁接线方法,具体接线方法如下。

(1) 在局部通风机的电缆上卡一只设备开停传感器,信号回送接入分站,此时地面中心站可以实时显示局部通风机的开停状态。

(2) 从分站接出一只远动开关断电器,断电器输出接入掘进工作面总开关的控制回路,接线方法如图6-11所示。

(3) 中心站设置:局部通风机开启时,分站常闭接点输出,局部通风机停时,分站继电器接点打开。从图6-11可知,局部通风机运转时,分站和远动开关断电器常闭接点均输出;工作面总开关可以自由启停,局部通风机停止运行后,分站及断电器的接点均打开,工作面总开关不能启动。

以上两种方法不同之处在于连锁接线法利用的是局部通风机开关的辅助接点C_3,而监控系统风电闭锁法方法利用了系统断电器的接点。两种方法的控制原理基本一致,效果相同。

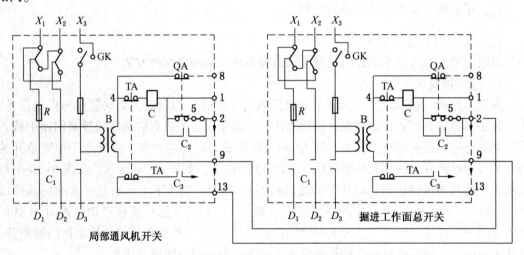

图6-11 监控系统风电闭锁法接线图

2. 甲烷电闭锁装置的应用

甲烷超限断电控制,主要包括甲烷传感器设置、中心站定义设置和井下断电控制3个方面的工作。

1) 甲烷传感器的设置

甲烷传感器的安设位置、数量因不同的场所而有不同的规定。具体设置可见《煤矿安全规程》和《煤矿安全监控系统及检测仪器使用管理规范》(AQ 1029—2019)。甲烷传感器将检测到的甲烷浓度值通过分站传至地面中心站进行显示和存储。

2) 中心站定义设置

中心站操作人员按照有关规定对甲烷传感器进行定义,准确设定断电控制值、复电值和报警值,设定执行断电控制的分站继电器点号,以便中心站主机在给井下分站初始化时,能确立分站执行的控制逻辑关系,实现实时断电功能。

3) 井下断电控制

(1) 利用远动开关断电接点进行断电控制。在受控开关的控制回路中接入远动开关断电接点,当甲烷浓度超限达到或超过中心站设置的断电控制值时,分站和断电器的接点立即打开,受控开关的控制回路断开,故送不上电,直到甲烷浓度下降到复电值以下,分站与断电器的输出接点转变为常闭状态后,受控开关方可再次启动。

(2) 利用分站近控直接控制馈电开关。此种方法适用于整条供电线路的断电控制。实现方法:将分站电源箱的近控继电器接点(660 V,选用常开)接入馈电开关的 OK 线圈回路中,当工作面上的甲烷浓度达到或超过断电值时,分站电源箱内的近控继电器接点闭合,馈电开关内的 OK 线圈有电,馈电开关跳闸,实现了断电控制。只有当甲烷浓度降到复电值以下,近控继电器接点打开,馈电开关才能合闸送电。

二、甲烷电、风电闭锁装置的管理

(1) 井下每一掘进、开拓工作面,必须装设甲烷电闭锁和风电闭锁装置。

(2) 井下每一回采工作面必须装设甲烷电闭锁装置,采煤工作面用串联通风时,被串工作面的进风巷必须装设甲烷传感器,且当其浓度超过 0.5% 时,必须切断被串工作面全部非本质安全型电源。

(3) 井下每一回采、掘进、开拓工作面必须在距工作地点 5 m 内和回风流距出口 15 m 内各安装一台甲烷传感器。

(4) 掘进工作面采用串联通风时,必须在被串掘进工作面的局部通风机前设甲烷传感器,其报警点、断电点均为 ≥0.5%,复电点 < 0.5%,断电范围为被串工作面全部非本质安全型电器设备电源。

(5) 井下每一采煤、掘进、开拓工作面的断电装置必须控制其工作面的总开关,并且断电装置的电源必须取自被控制开关的电源侧,严禁接在被控开关的负荷侧。

(6) 矿井总回风巷或采区回风巷中甲烷浓度超过 0.75% 时,必须立即查明原因,报安全调度、通防科、调度室进行处理,在未处理前必须切断本采区的全部电源。

(7) 回采、掘进、开拓工作面和回风流的甲烷传感器报警浓度为 1.0%,断电浓度为 ≥1.0%,复电浓度为 < 1.0%,断电范围为工作面内全部非本质安全型电器设备。

(8) 风电、甲烷电闭锁装置必须每 7 天进行一次甲烷超限闭锁断电试验,并做好记录。

(9) 风电闭锁试验由该工作面瓦检员、生产队组电工、带班长进行试验。甲烷电闭锁由工作面瓦检员、带班长、监控维检员进行试验,试验期间,工作面必须撤出全部无关人员。对有故障的闭锁装置,必须立即查明原因进行处理,报安全调度、通防调度、调度室并制定安全措施,在故障期间,工作面必须撤出人员,切断电源。

(10) 新开掘进、开拓、回采工作面的作业规程中,必须明确规定所装风电闭锁、甲烷电闭锁装置的型号、断电范围,并经验收合格后方可开工。

◎ **任务实施**

【任务要求】

《煤矿安全规程》规定所有矿井必须装备安全监控系统,安全监控系统必须具备甲烷断电仪和甲烷风电闭锁装置的全部功能。请同学们梳理总结甲烷电、风电闭锁装置的工作原理及特点。根据引导问题逐步学习、研讨，最终以PPT形式汇报成果。

【任务计划与实施】

引导问题1：简述风电闭锁装置工作原理。

引导问题2：甲烷电闭锁装置具备哪些功能？

引导问题3：简述甲烷风电闭锁执行条件与方法。

◎ **思政小课堂**

随着科技的进步，经济社会的发展，煤矿生产已经发生了翻天覆地的变化，在机械化、自动化、信息化、标准化建设引导下，逐步实现煤矿智慧化建设。通过梳理甲烷电、风电闭锁装置的应用特点，培养学生求实创新的品质，坚定同学们扎根煤炭行业、服务煤炭生产安全的信念。

◎ **任务考核**

1. （多选题）甲烷电闭锁由（　　）构成。
   A. 甲烷传感器　　B. 监控分站　　C. 断电控制器　　D. 高压开关

2. （多选题）（　　）的甲烷传感器报警浓度为1.0%，断电浓度为≥1.0%，复电浓度为<1.0%，断电范围为工作面内全部非本质安全型电器设备。
   A. 回采工作面　　B. 掘进工作面　　C. 开拓工作面　　D. 回风流

3. （单选题）井下每一回采工作面必须装设甲烷电闭锁装置，采煤工作面用串联通风时，被串工作面的进风巷必须装设甲烷传感器，且当其浓度超过（　　）时，必须切断被串工作面全部非本质安全型电源。
   A. 0.05%　　　　B. 0.1%　　　　C. 0.5%　　　　D. 1%

4.（单选题）《煤矿安全监控系统通用技术要求》（AQ 6201—2019）规定，局部通风机停止运转，掘进工作面或回风流中甲烷浓度大于（　　），必须对局部通风机进行闭锁使之不能启动，只有通过密码操作软件或使用专用工具方可人工解锁。

A．2.0%　　　　　B．3.0%　　　　　C．4.0%　　　　　D．5.0%

5.（判断题）甲烷风电闭锁控制自动解锁的唯一条件是巷道内各甲烷传感器测得的甲烷浓度均低于1.5%。（　　）

◎ 任务评价

根据考核内容，学生完成自我小结并进行自评打分，教师根据学生活动情况进行点评并完成教师打分，最后按学生自评分×40%+教师评分×60%计算得分。

考核评价表

模块六	项目四 甲烷电、风电闭锁装置			
班级		姓名		
评价类别	考核内容	分数	学生自评分	教师评分
知识目标	了解甲烷电、风电闭锁装置结构	20		
	了解甲烷电闭锁原理	10		
	了解甲烷风电闭锁原理	10		
能力目标	能叙述甲烷风电闭锁的执行条件与方法	20		
	能阐述甲烷风电闭锁的功能实现的方法	20		
素质目标	培养学生的创新意识和工匠精神，促使学生掌握先进科学技术，为煤矿安全监测监控发展奉献自己的专业力量	20		
小计		100		

模块七　煤矿安全监测监控系统联动与操作

◎ **模块说明**

随着煤矿智能化建设不断推进，煤矿作业现场环境与生产工况监测传感设备数量大幅增加，为保证数据采集与处理、控制的时效性，在井下装备具有数据融合与联动控制功能的边缘融合分站。本模块主要学习煤矿安全监测监控系统融合技术、煤矿融合通信与监控系统联动，以及 KJ95X 煤矿安全监控系统软件的功能和操作方法。

项目一　煤矿安全监测监控系统融合技术

◎ **学习目标**

☞ 知识目标

（1）了解多系统融合及联动遵循的基本原则。
（2）掌握应急联动的控制模式。

☞ 能力目标

（1）能辨识不同安全监控系统融合模式。
（2）能阐述联动控制流程。

☞ 素质目标

培养学生追求先进科学技术的精神，在作业岗位中树立创新意识，养成独立思考问题的习惯，在独辟蹊径中找到解决问题的有效方法。

◎ **案例导入**

我国新疆、甘肃、宁夏等西部煤炭主产区存在大量的急倾斜煤层，煤炭储量占全国煤炭已探明储量的 36%。该类煤层的地质条件、应力条件和开采条件与缓倾斜/倾斜煤层差异大，冲击地压更复杂，安全形势更加严峻。创新发展急倾斜煤层冲击地压智能化治理水平是煤炭行业发展的重大科技需求，也是避免灾害发生、维护西部地区社会和谐稳定和经济可持续发展的必然选择。针对上述问题，国家能源集团新疆能源有限责任公司与北京科技大学、国能网信科技（北京）有限公司联合攻关，研发了新疆维吾尔自治区第一个冲击地压多元融合智能监测预警系统，建立了冲击地压监测预警中心，并首先在乌东煤矿成功应用，提高了冲击地压监测预警准确度及风险防控智能化水平。

◎ **知识链接**

煤矿安全监控系统提供了多系统数据融合及联动功能，实现了多系统数据一张图融合展示，提供编辑、分层、缩放、移动、测量等功能；实现在甲烷浓度超限时的联动控制功能，对相关设备进行断电；通过人员定位、应急广播系统播放撤离信息，对其他系统的融合及联动可以根据矿方需要进行扩展。

KJ90X 煤矿安全监控系统是基于智慧矿山操作平台而运行的集安全监控、生产管控、信息管理、网络运用并附带有核子称计量、提升机监测、水泵房监测、火灾监测、电网监测、顶板动态监测、主要通风机监测等多种子系统为一体的新兴煤矿综合自动化监控系统。

知识点一 煤矿安全监测监控系统融合

一、安全监控系统融合模式

KJ90X 煤矿安全监控系统如图 7-1 所示,以地面网络和井下环网为依托,配备数字、频率、激光、催化、电化学和光学等多种类型的传感器,具备多工况及多环境下的数据采集及实时控制功能、变值变态数据存储功能、实时动态图形显示及数据查询和打印功能、双机及双上传热备功能、语音及短信报警功能等,同时通过有线与无线传输相结合的方式实现全矿井网络覆盖,真正做到矿井监测监控"无死角",构建了矿井生产、管理、安全监理多样化的生态环境。

煤矿多系统融合有井下融合与地面融合两种方式,二者比较见表 7-1。

表 7-1 煤矿多系统融合方式比较表

比 较 项 目	井下融合	地面融合
井下网络环境改造,支持井下系统间互联互通	需要	不需要
井下各系统硬件设备改造	需要	不需要
井下不同厂家的设备之间通信需要定制协议、统一通信标准	需要	不需要
井下不同厂家的设备互联互通需要进行安标关联送检、火花实验等	需要	不需要
地面网络环境改造,支持地面系统间互联互通	需要	需要
地面软件系统改造	需要	需要
实现管理员联动控制确认过程	复杂	简单
使用及维护	复杂	简单
子系统间责任划分	复杂	简单

综上所述,采用地面融合方式较井下融合方式具有更高的可行性和经济性,牵涉的系统、硬件改造工作量更少,矿方的资金投入更小,使用和维护更方便,子系统间责任认定更简单。

安全监控平台与子系统在地面进行融合和联动的系统结构有两种模式,分别是安全监控平台与子系统直接交互模式和安全监控平台与综合集成平台直接交互模式,其部署连接分别如图 7-2、图 7-3 所示。

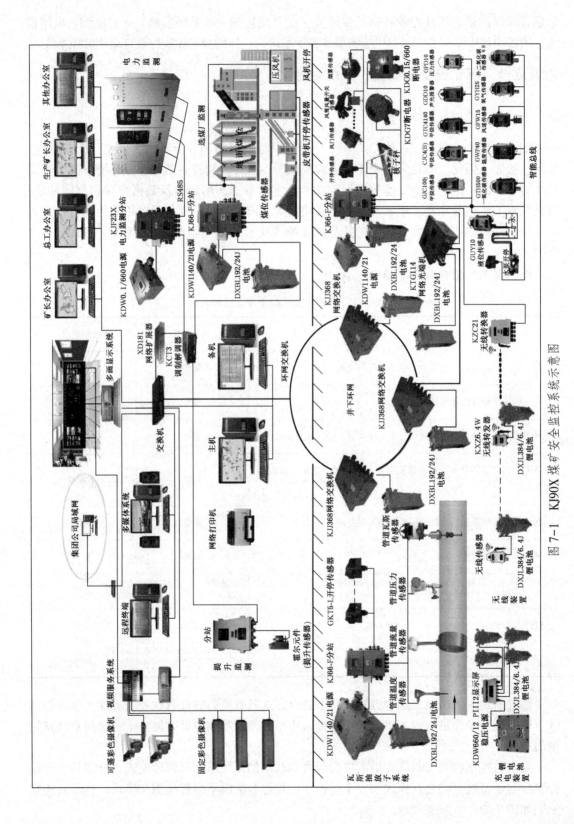

图 7-1 KJ90X 煤矿安全监控系统示意图

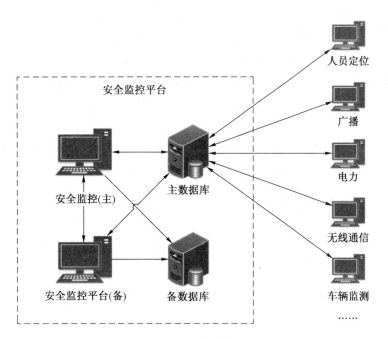

图 7-2 安全监控平台与子系统直接交互的部署连接图

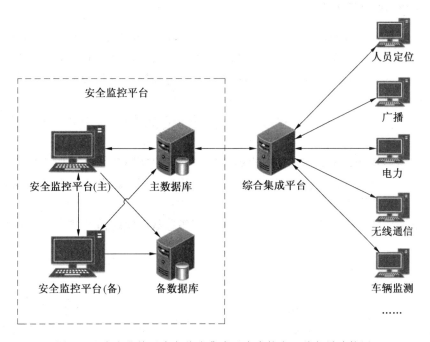

图 7-3 安全监控平台与综合集成平台直接交互的部署连接图

如果矿井已经建设了综合集成平台,融合了各个子系统,且实现了联动控制,安全监控平台建设可以考虑与其直接交互;如果矿上未建设有综合集成平台,安全监控平台建设时,需要与各个子系统厂家进行对接交互。

二、数据库存储过程做交互接口

为了广泛地适应不同厂家不同系统进行交互，KJ90X 安全监控平台采用数据库存储过程作为交互接口。可作为系统间交互的接口类型有 Web Service、WCF、平面文件、数据库存储过程等，其优劣性比较见表 7-2。

表 7-2 系统间交互的接口类型优劣性比较表

比较项目	WebService	WCF	平面文件	数据库存储过程
与 C#平台交互难易程度	容易	容易	容易	容易
与 C++平台交互难易程度	困难	困难	容易	容易
与 JAVA 平台交互难易程度	容易	困难	容易	容易
安全验证机制强弱程度	强	强	弱	强
数据可靠性高低	高	高	低	高
数据实时性高低	高	高	低	高

三、多系统数据融合展示

多系统融合的目的是要将安全监控平台相关子系统的数据集成融合到安全监控平台中，实现实时数据的融合展示、分析和利用。多系统融合展示采用开源二维 GIS 技术，具有编辑、分层、移动、缩放、测量、实时曲线展示等功能，支持 WEB 浏览。主要具有以下功能。

（1）可以进行 CAD 图纸导入操作，以矿井巷道图作为背景，实时显示各监测点位置、值和状态，并具有放大、缩小、移动功能。

（2）瓦斯监控在点击后显示监测点详细信息，并有实时曲线监视功能。

（3）人员定位读卡器监测点显示实时状态，并显示当前位置的总人数，点击后显示当前位置人员的实时信息列表。

（4）电网监测点在点击后，显示当前设备下各参数的实时值及状态，以及监测点的定义信息。

（5）按系统过滤监测点的功能。

（6）按系统统计设备数据、异常设备数量功能。

（7）显示当前井下总人数功能。

（8）可以任意添加/拖动/删除瓦斯、人员、广播、电力，以及其他扩展融合系统的监测点的功能。

四、多系统应急联动

安全监控平台应急联动采用用户配置应急联动预案，预案触发后自动或管理员确认下发命令，子系统接收到命令后自动执行的方式。

煤矿用户可以对联动预案进行管理，可增加、删除、修改，可设置联动触发条件（瓦斯系统的监测点），可设置需要联动的系统及联动的方式，是不是自动执行，如图7-4、图7-5所示。

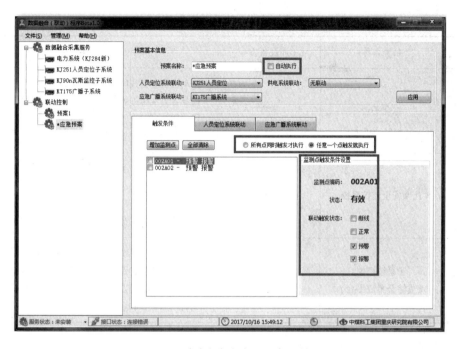

图7-4　联动应急方案配置定义界面

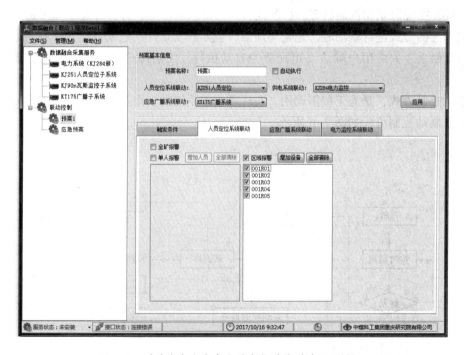

图7-5　联动应急方案中人员定位系统联动配置界面

五、涉及各方工作内容要点

安全监控联动方案涉及各方需要配合的工作内容要点见表 7-3。

表 7-3 安全监控联动方案涉及各方的工作内容要点

序号	系统名称	涉及各方	工作内容要点
1	综合平台	矿方	主动协调各方按阶段实施计划； 监督各方实施进展情况，对完成情况做出评估； 规划网络，保证各个相关联子系统间互联互通； 协调其他厂家子系统接口及协议
2	瓦斯安全监控系统	监测监控平台	提供多系统融合及联动平台，提供交互规范和接口； 为矿方和第三方厂家提供技术支持； 实施安全监控平台级系统联调
3	子系统厂家 （或综合集成平台）	第三方厂家	积极对接各子系统数据，提供融合数据和执行应急联动控制的程序，保证数据的准确性和及时性； 配合矿方和监测监控平台厂家实施系统联调，优化和完善数据融合和联动

六、应急联动控制模式

KJ90X 在应急联动控制具有两种模式，一种是预案联动，另一种是手动控制。

以预案的方式进行联动时，先定义预案，包括触发条件、联动情况等。在触发条件满足时自动触发，并由用户确认（可配置为自动执行，无需用户确认）后进行多业务系统联动。

手动控制方式，是人工按需调用，实现各业务系统的自由控制（权限范围内）。

应急联动控制流程如图 7-6 所示。

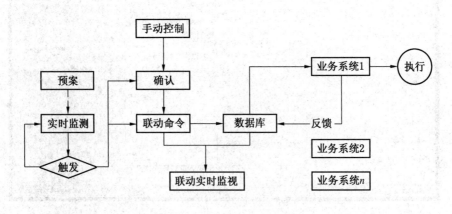

图 7-6 应急联动控制流程图

多系统联动控制流程具体包括以下 9 个步骤。
（1）定义联动预案。
（2）实时检测预案触发。
（3）触发后将需要联动的内容按规范生成命令。
（4）打开预案确认窗，对联动进行确认。
（5）使用预案监视窗对联动进行监视。
（6）各业务系统按规范登录至交互数据库中。
（7）定时检测属于自己的命令。
（8）接收到命令后执行。
（9）反馈执行的结果。

融合平台在后台触发联动的同时，前端可通过相应的功能对联动的实时情况进行实时监视，了解现场情况和联动执行情况。同时可了解与此预案相关的各业务系统的信息。

◎ 知识加油站

使用移动端识别二维码，观看监测监控系统的融合应用。

视频 监测监控系统的融合应用

◎ 任务实施

【任务要求】

随着人工智能技术的发展，智能化煤矿安全监测系统将成为未来煤矿监测的主要发展方向，能够实现自动化数据采集、处理和分析，从而提高监测的效率和准确性。请同学们搜索煤矿安全监测监控技术的融合应用案例，分析案例的特点。根据引导问题逐步学习、研讨，最终以 PPT 形式汇报成果。

【任务计划与实施】

引导问题 1：煤矿多系统融合及联动遵循的基本原则是什么？

引导问题 2：请总结 KJ90X 监测监控系统的应急联动控制模式。

◎ 思政小课堂

矿井多灾害监测系统在煤矿瓦斯、水、火、顶板、粉尘等灾害信息集成、融合及共享方面发挥了积极作用，实现了多灾害信息同步查询和分析，取代了以前各个灾害系统分别登录查看的烦琐操作，提高了矿井灾害综合分析和管控能力。通过本项目的学习，培养同学们追求科学技术知识、钻研奋发的科研精神，树立创新发展，紧跟时代步伐的科研思维。

◎ 任务考核

1.（多选题）在地面统一平台上必须融合的系统有（　　）。
   A. 环境监测　　　　B. 人员定位　　　　C. 计算机技术　　　　D. 应急广播

2.（多选题）以下技术改造项目中，（　　）是地面融合和井下融合都需要考虑到。
   A. 井下各系统硬件设备改造
   B. 地面网络环境改造，支持地面系统间互联互通
   C. 地面软件系统改造
   D. 人员工资

3.（多选题）KJ90X 在协同控制方面具有两种模式，一种是（　　），另一种是（　　）。
   A. 预案联动　　　　B. 自动联动　　　　C. 手动联动　　　　D. 远程联锁

4.（判断题）相比较而言，井下融合方式牵涉的系统、硬件改造工作量更少，矿方的资金投入更小。（　　）

5.（判断题）应急联动在控制流程上，无论使用哪一种方式都采用平台统一定义的数据交互协议和接口实现，以确保控制的安全、可靠。（　　）

◎ 任务评价

根据考核内容，学生完成自我小结并进行自评打分，教师根据学生活动情况进行点评并完成教师打分，最后按学生自评分×40%＋教师评分×60%计算得分。

考核评价表

模块七		项目一	煤矿安全监测监控系统融合技术	
班级		姓名		
评价类别	考核内容	分数	学生自评分	教师评分
知识目标	了解多系统融合及联动遵循的基本原则	20		
	掌握应急联动的控制模式	20		
能力目标	能辨识不同安全监控系统融合模式	20		
	能阐述联动控制流程	20		
素质目标	培养学生追求先进科学技术的精神，在作业岗位中树立创新意识，养成独立思考问题的习惯，在独辟蹊径中找到解决问题的有效方法	20		
小计		100		

项目二　煤矿监控信息融合与系统联动

◎ **学习目标**

☞ 知识目标

（1）了解智能矿山多元监控信息融合与联动方案总体架构。

（2）了解地面多元监控信息融合技术。

☞ 能力目标

（1）会分析智能矿山多元监控信息融合与联动方案总体架构的内涵。

（2）能阐述地面多元监控信息融合的内容。

☞ 素质目标

激发青年学生树立对工作的敬畏感，培养青年学生一丝不苟、追求卓越的敬业精神。

◎ **案例导入**

针对煤矿目前存在的灾害监测系统间数据感知难、信息交互难、实时性差、可靠性低、数据利用率低及多智能系统协同弱等难题，中煤科工集团重庆研究院研发了煤矿多灾害智能防控与智能监控技术，考虑到不同风险因素对瓦斯灾害作用的时空效应，构建了跨时空、多参量瓦斯灾害预警指标体系，并采用大数据技术研究瓦斯灾害相关信息之间的关联，建立了具有自分析能力的多源数据融合瓦斯灾害风险判识方法及预警模型，并在此基础上开发了煤矿瓦斯灾害智能预警平台，实现了矿井安全风险的全过程智能管控，该技术已在我国主要产煤地区的煤矿企业得到应用。

◎ **知识链接**

2020年2月，国家发展改革委、国家能源局等八部委联合发布的《关于加快煤矿智能化发展的指导意见》提出要形成具有全面感知、实时互联、自主学习、协同控制、动态预测能力的一体化、智能化安全生产过程系统。2023年6月，国家矿山安全监察局发布的《智能化矿山数据融合共享规范》，解决矿山、装备和通信企业面临的数据编码不统一、通信接口不兼容、传输协议不开放、系统集成难度大、智能化建设成本高等突出问题，打通"数据孤岛"、破除"信息烟囱"，推动智能化矿山各类数据互联互通、集中集成，为实现过程可视可控、安全可防可测、要素可调可配的矿山高水平智能化奠定基础。

随着煤矿智能化建设不断推进，现有自动化监控系统的缺陷逐步体现出来：

（1）自动化监控系统类型多，技术路线不统一，且各系统软件相对独立，数据之间没有关联，未实现真正意义上的数据融合与共享。

（2）近年来陆续建设的矿井综合自动化系统和数字矿山系统试图从应用层面解决数据融合与联动问题，但系统复杂，在实际生产中难以实施。

知识点一　智能矿山多元监控信息融合与联动方案总体架构

随着煤矿智能化建设不断推进，煤矿作业现场环境与生产工况监测传感设备数量大幅增加，产生了大量实时监测数据；井下作业人员和移动车辆配备精确定位模块，产生了大量轨迹数据；作业现场执行/控制装置和交通信号灯对控制的实时性要求也大幅提高。为保证数据采集与处理、控制的时效性,在井下装备具有数据融合与联动控制功能的边缘融合分站。同时,在地面建立多元监控信息开放式综合管控平台,通过对井下边缘融合分站或独立分站进行集中管控,实现对全矿井作业现场各类环境参数、人员/车辆位置与运动轨迹、生产设备运行工况、监控设备位置、应急广播、监控视频等信息的分布式集中监控,并对跨区域关联设备进行联动控制。由此构建的智能矿山多元监控信息融合与联动方案总体架构如图7-7所示。

井下作业现场的PLC、智能传感设备、位置服务装置采集数据可就近接入边缘融合分站。边缘融合分站具有多种类型接口,支持多种类型煤矿标准协议,按规则对多元监控信息进行分级处理。对可能产生的联动控制,边缘融合分站直接驱动现场执行/控制装置或通过IP语音扩播装置联动语音提醒;对于无法就近接入边缘融合分站的现场数据采集设备,可按照传统方式将信息汇集至子系统上位机,再与边缘融合分站同步将信息通过工业网络传输至地面监控中心。地面监控中心基于私有云计算资源配置形成可弹性扩展的计算资源,满足全矿井各类数据采集与处理需求,同时配置具有多元监控信息融合能力的开放式综合管控平台。

一、煤矿井下数据融合与联动控制

在智能矿山多元监控信息融合与联动方案中,为保证地面综合管控平台故障情况下,井下智能传感设备和执行/控制装置能够协同高效运行,并快速执行现场控制指令,设计了边缘融合分站,其可通过现场总线接入人员/车辆精确位置信息、环境参数和设备状态信息,如图7-8所示。作为区域综合监控装置,边缘融合分站配置基于轻量级嵌入式实时操作系统的管控平台,并为各类传感设备提供相对独立的数据采集传输通道。管控平台具有多任务执行能力,包括多线程传感数据采集与数据分类处理任务、区域监测数据融合任务、逻辑控制指令执行任务等。

所有监控对象均定义了唯一标志码,在井下边缘融合分站管控平台和地面开放式综合管控平台中共享,以保证矿井监控对象的唯一性。地面开放式综合管控平台制定多元监控数据融合与联动控制规则,并下发至边缘融合分站管控平台,由边缘融合分站执行所辖区域的人、机、环多元信息综合监测与联动控制。在IP语音扩播装置中提前存放必要的预案,边缘融合分站可根据联动控制规则驱动相应的预案进行适时播报。

二、地面多元监控信息融合

地面多元监控信息通过开放式综合管控平台融合。平台设计过程中,将各类自动化监控系统的功能和数据处理逻辑进行解耦,拆分成粒度较小的模块,确保通过模块之间的组合可形成较完整的软件;通过对公共技术架构、基础支撑技术、关键数据结构/数据库、业务处理逻辑等共性特征进行梳理,形成可拆、可组合的公用模块单元,通过矿山虚拟总线实现各监控数据交互、融合。建立统一的技术体系、统一的技术架构和数据处理机制,基于矿山对象信息模型实现信息深度融合,是构建开放式综合管控平台的关键。

1. 统一的技术体系

技术体系主要涉及技术栈、煤矿主数据与数据编码、关键数据结构、权限管理、前后

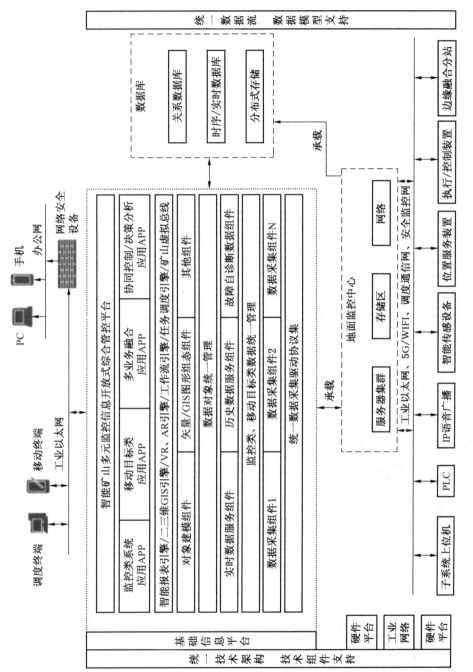

图 7-7 智能矿山多元监控信息融合与联动方案总体架构

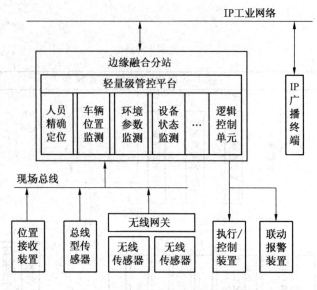

图 7-8 井下数据融合与联动控制图

端分离的开发模式、数据存储技术与机制、各层级之间数据交互规范、适用于煤矿监控的数据容错机制、数据发布与服务机制等。建立统一的技术体系可确保在同一软件平台下实现多元监控数据与业务的高效有机融合,其主要涉及以下 4 个方面。

(1) 建立煤矿主数据和编码标志。对煤矿各类监控系统中需要共享、复用的核心数据,如用户权限、设备安装地点、组织机构、人员信息、感知信息、班次设置等进行统一构建及统一编码,以服务的方式提供给相关业务,确保同类数据在所有业务系统中的一致性描述。

(2) 内嵌煤矿各类监控业务处理规则。煤矿井下监控目标中,人、车辆为移动目标;生产过程控制与环境安全监控设备为固定对象,监控数据属于离散类;移动巡检设备为与位置相关的环境安全监控对象,监控数据与时间、位置相关。3 种监控对象数据均有不同的处理规则。作为煤矿多元监控信息融合平台,开放式综合管控平台内嵌涵盖各类监控系统业务的处理规则,可有效适应一平台多业务融合需求。

(3) 构建煤矿数据中台。数据中台用来整合分散在不同"信息孤岛"上的数据,便于快速形成数据服务能力,以适应前端业务变化。煤矿作业现场采集数据量大,以往均由使用者从中筛选所需数据进行应用,效率较低。煤矿数据中台可按照煤矿业务管理或主题数据分析需求,提前对数据(包括实时数据和历史数据)进行抽取、组合,并对数据进行计算逻辑封装,生成应用程序接口(application programming interface,API),形成主题类数据服务,从而以数据服务驱动煤矿融合业务。

(4) 构建煤矿虚拟软总线。开放式综合管控平台采用面向服务架构(service-oriented architecture,SOA)的微服务体系,将任务粒度细化,形成不同业务主题数据提供者。若数据消费者(多元数据融合服务)所需数据量大,则需与每个主题数据提供者通信。为了提高数据交互效率,构建了煤矿虚拟软总线。其可将主题数据提供者作为服务进行注册,且具有命名、寻址、监控管理能力,使得数据消费者通过虚拟软总线查找所需数据提供者并获取数据，同时可将联动控制指令传递给主题数据提供者，提高了多元监控信息融合与联动效率。

2. 统一的技术架构和数据处理机制

对数据采集、处理、存储、发布、应用等环节，以及各环节之间的数据交互、关键数据结构进行统一设计，以挂接通信协议驱动的方式建立数据感知与采集层、数据处理与存储层、数据发布层、数据融合应用层，如图 7-9 所示。

(1) 数据感知与采集层主要与边缘融合分站或独立分站、PLC、智能仪表、机器人等现场设备通信，负责采集现场各类人、机、环感知信息，并向现场执行/控制装置发送控制命令。由于煤矿井下数据采集设备分别由不同厂家提供，通信协议不统一，可由厂家开放通信协议或将协议封装为驱动，按照自动化监控系统类型输出统一的数据格式，数据感知与采集层即可通过动态挂接协议驱动方式实现对不同系统的数据采集。该层还支持 OPC UA、Modbus TCP 等开放式协议。为了保证通信实时性，采用多线程技术对每类协议驱动进行管理。所有采集数据按照不同类型分别存放至规范化公共基础数据结构，并进行分类标志，便于数据处理。

(2) 数据处理与存储层按照环境安全监控、移动目标监控、生产过程控制的不同业务建立相应的处理规则，对公共基础数据结构中的原始数据进行分类处理，形成业务应用所需的规范化数据，将处理后形成的模拟/开关量数据、移动目标位置数据存放至对应数据服务区，并进行分类标志。该层还将通过融合业务规则处理形成的故障、报警类数据存放至故障/报警数据服务区，控制指令存放至控制指令区，并将接收到的由地面监控中心人工发送的控制指令按优先级存放至控制指令区。考虑成本控制，选用 MySQL、InfluxDB 等数据库，利用多线程技术和定量分库规则提高数据存储效率。为了避免因断电造成数据不完整，采用 Redis 实时数据管理技术进行持久化处理。

(3) 数据发布层主要为数据融合应用提供数据源，待发布数据来自数据处理与存储层。由于数据种类多、数量大，需进行分主题组织后发布。该层通过构建开放性数据中台，建立数据共享服务机制，形成专题数据集；通过创建矿山主数据，使矿山各类数据之间产生关联，对各类数据进行深层次有机融合；通过虚拟软总线承载矿山高速实时数据流，并提供数据发布与订阅功能。

(4) 数据融合应用层主要提供人机交互功能。平台数据已按照主题通过矿山虚拟软总线进行发布，当第三方需要数据时，只需查询订阅所需数据即可快速获取。采用获取的数据可开发适用于不同场景应用的工业 APP，建立以矢量化图形、二三维 GIS、数据表单为展示方式的人机交互模式，满足不同岗位人员管理需求。另外，该层还提供对象建模、数据融合与联动控制等功能，满足设备对象数据深度融合需求。

3. 基于矿山对象信息模型的信息深度融合

智能矿山需全面感知、实时互联，实现矿山对象信息透明化。矿山对象信息有的来自传感设备自动采集，有的来自人工采集，需将其融合才能全面反映矿山对象实质。每个矿山对象均有唯一标志码，矿山设备、作业区域等都可作为具有唯一标志的矿山对象。当对象为设备时，其运行状态可通过传感设备获取，设备固有信息及维护记录等通过人工录入或设备管理信息系统获取；当对象为作业区域时，以采煤工作面为例，其信息涉及环境参数、采煤机与液压支架运行状态和位置、巡检人员位置、工作面地质情况等，环境参数、

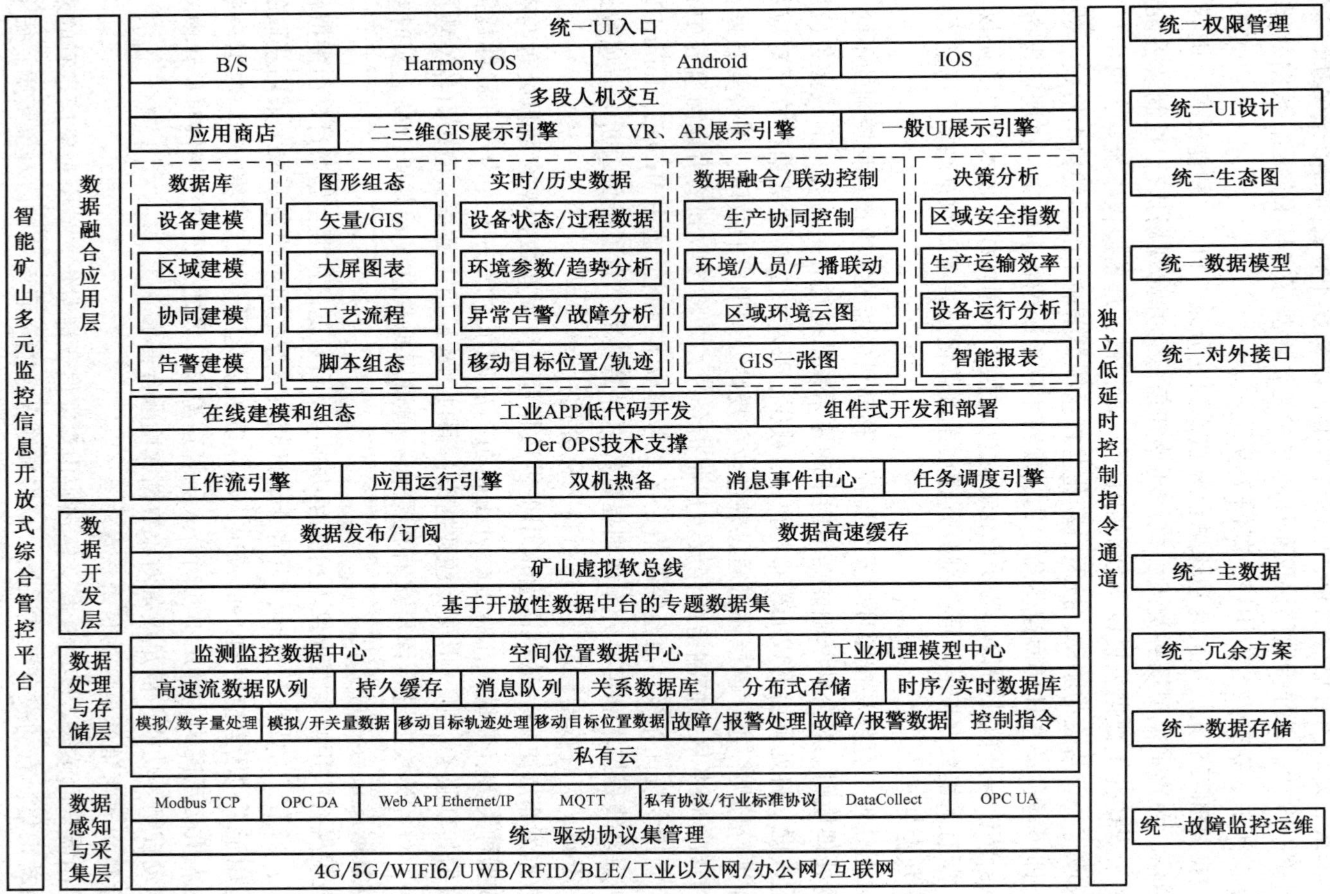

图 7-9　地面多元监控信息融合统一的技术架构

装备运行状态和位置、巡检人员位置可通过传感设备获取，装备固有信息、运维记录、工作面地质情况等通过管理信息系统获取。

通过内置矿山对象自动生成机制，建立带有自定义标签属性、空间位置属性的矿山对象信息模型，融合对象在管理信息系统中的信息，在采掘过程中动态生成矿山对象动静态信息，为实现矿山采掘过程透明化提供数据支撑。

知识点二　智能矿山多元监控信息融合与联动应用

智能矿山多元监控信息融合与联动方案具有煤炭行业自动化监控系统实时在线组态能力，实现了煤矿人、机、环监控类系统共性技术功能复用。基于该方案，可快速开发安全监控系统/过程控制系统等独立软件平台、一体化安全生产综合监测与控制平台、智能矿山综合管控平台。

一、基于智能矿山多元监控信息融合与联动方案的安全监控系统/过程控制系统等独立软件平台开发

智能矿山多元监控信息融合与联动方案内嵌煤矿专业通信驱动协议集（也可挂接非标驱动协议）和人、机、环等监控系统的业务处理规则、数据存取管理机制，满足矿山安全监控系统、人员定位系统、车辆位置跟踪系统、生产过程控制系统的快速开发与应用需求。

由于开放式综合管控平台内置人员定位、辅助运输车辆等移动目标监控的业务处理规则、数据存储服务、数据发布服务、智能报表、二三维 GIS 组件等，所以只需挂接不同厂家的驱动协议即可快速形成移动目标监控系统，并快速开发定制功能。

二、基于智能矿山多元监控信息融合与联动方案的一体化安全生产综合监测与控制平台开发

通过内嵌的煤矿专业通信驱动协议集，实现对矿山自动化监控系统，如安全监控系统、人员定位系统、车辆位置跟踪系统、生产过程控制系统等的统一数据采集、处理、计算与存储，并基于统一时间和坐标体系，实现数据融合监测、分级预警与远程联动控制，满足矿山安全生产综合监测监控应用需求。融合了工作面信息、采煤机运行状态、顶板压力、有害气体、火灾和水害信息、作业人员位置信息等，实现了采煤工作面安全综合预警。

三、基于智能矿山多元监控信息融合与联动方案的智能矿山综合管控平台开发

通过统一主数据、数据治理与管理组件，集成融合矿山各类自动化监控系统数据，构建煤炭工业大数据管理中心，内置消息组件、任务调度、事件驱动、工作流驱动、二三维 GIS 等业务组件，形成具有全面感知、实时互联、在线分析、联动控制、精准运维的智能矿山综合管控平台，保障矿山安全生产高效运行。

◎ 任务实施

【任务要求】

随着煤矿智能化进程的加深，煤矿安全监测监控系统融合与联动技术日趋成熟，请同

学们搜索煤矿安全监测监控技术在多元融合与联动方面的应用案例。根据引导问题逐步学习、研讨，最终以PPT形式汇报成果。

【任务计划与实施】

引导问题1：实现多元监控数据与业务的高效有机融合需要包含哪些内容？

引导问题2：基于矿山对象信息模型的信息深度融合是如何实现的？

◎ 思政小课堂

  随着信息融合技术的日臻成熟，可支持井下人、机、环等监控数据感知→传输→地面集成融合的开放式综合管控平台，实现了矿山多元监控信息融合和现场智能装置协同联动控制功能。通过学习煤矿监控信息融合与系统联动，感受煤矿智能化建设背景下安全监控系统多系统融合技术的飞速发展，激励广大青年学子立志高远、脚踏实地，成就有价值的人生。

◎ 任务考核

1.（多选题）建立统一的技术体系可确保在同一软件平台下实现多元监控数据与业务的高效有机融合，主要包括（　　）。

  A. 建立煤矿主数据和编码标志

  B. 内嵌煤矿各类监控业务处理规则

  C. 构建煤矿数据中台

  D. 构建煤矿虚拟软总线

2.（判断题）边缘融合分站不得通过现场总线接入人员/车辆精确位置信息、环境参数和设备状态信息。（　　）

3.（判断题）由于煤矿井下数据采集设备分别由不同厂家提供，通信协议不统一，可由厂家开放通信协议或将协议封装为驱动，按照自动化监控系统类型输出统一的数据格式。（　　）

4.（判断题）智能矿山多元监控信息融合与联动方案内嵌煤矿专业通信驱动协议集（也可挂接非标驱动协议）和人、机、环等监控系统的业务处理规则、数据存取管理机制，满足矿山安全监控系统、人员定位系统、车辆位置跟踪系统、生产过程控制系统的快速开发与应用需求。（　　）

5.（判断题）基于智能矿山多元监控信息融合与联动方案的一体化安全生产综合监测与控制平台开发。通过内嵌的煤矿专业通信驱动协议集，实现对矿山自动化监控系统。（ ）

◎ 任务评价

根据考核内容，学生完成自我小结并进行自评打分，教师根据学生活动情况进行点评并完成教师打分，最后按学生自评分×40%+教师评分×60%计算得分。

考核评价表

模块七		项目二 煤矿监控信息融合与系统联动		
班级		姓名		
评价类别	考核内容	分数	学生自评分	教师评分
知识目标	了解智能矿山多元监控信息融合与联动方案总体架构	20		
	了解地面多元监控信息融合技术	20		
能力目标	会分析智能矿山多元监控信息融合与联动方案总体架构的内涵	20		
	能阐述地面多元监控信息融合的内容	20		
素质目标	激发青年学生树立对工作的敬畏感，培养青年学生一丝不苟、追求卓越的敬业精神	20		
小计		100		

项目三　KJ95X煤矿安全监测监控系统及操作

◎ 学习目标

☞ 知识目标

（1）了解KJ95X煤矿安全监控系统的基本功能。

（2）掌握KJ95X煤矿安全监控系统的操作方法。

☞ 能力目标

（1）能辨识和操作KJ95X煤矿安全监控系统各模块。

（2）能完成KJ95X煤矿安全监控系统应急联动模块各项功能的设置。

☞ **素质目标**

培养严谨认真的工作态度，在作业岗位中按规定操作，树立安全第一的思想。

◎ **案例导入**

为了进一步提升煤矿安全管理效率，山西某矿引进了KJ95X型安全监测监控系统。该系统于2020年4月安装，2020年8月完成了调试。到现在为止，该系统已经实现了平稳运行。经过现场应用发现，管理人员的任务量下降了80%以上，将过去的人工式填表转化为现在的自动生成报表，不仅减少了管理人员的工作量，还提高了数据采集的实时性；有效地控制了煤矿井下作业过程中的违规操作行为，违规操作次数由过去的132次下降到现在的20次左右，减少了85%左右。此外，系统还发出警报10次，有效地阻止了3起煤矿安全事故的发生，在很大程度上保证了煤矿工人的生命安全。虽然系统改造时需要花费 $3.0×10^6$ 元左右，但是可以在数年之内回收成本。经过统计，该系统每年可以减少煤矿损失 $0.74×10^6$ 元左右。

◎ **知识链接**

知识点一　KJ95X煤矿安全监测监控系统组成及特点

KJ95X煤矿安全监控系统采用物联网监测监控技术和软件架构进行设计，具有全数字化传输、多网/多系统融合联动、大数据分析、二/三维GIS融合展示、自诊断、远距离传输、高可靠性等特征，系统完全满足《煤矿安全监控系统通用技术要求》（AQ6201—2019）、《煤矿安全监控系统及检测仪器使用管理规范》（AQ1029—2019）、《煤矿安全规程》等要求，完全满足煤矿安全监控需要。KJ95X煤矿安全监控系统如图7-10所示。

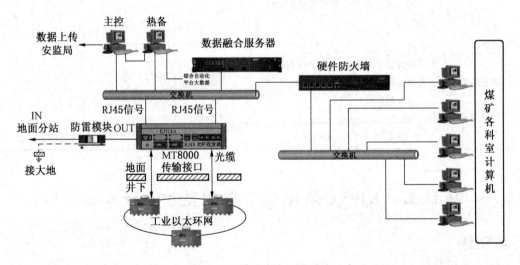

图7-10　KJ95X煤矿安全监控系统示意图

一、系统组成

系统主要由监控主机、系统软件、监控分站、各类传感器、传输网络、瓦斯抽采监测设备、线缆辅材等组成。具有数字化传输、抗电磁干扰能力强、监控设施防护等级高、支持多网和多系统融合、自诊断和自评估、对数据应用分析和应急联动、系统性能指标优越、储存数据加密、使用和维护方便等优点。

监控主机：负责整个系统监测数据的分析、处理、控制等，与分站实时数据通信、统计存储、屏幕显示、查询打印、画面编辑、网络通信等。

系统软件：完成井下数据采集、处理、加工、显示、存储、查询、报表打印及数据发布，可提供手机 APP、WEB 等方式查看。

传输网络：主要完成井上、井下数据的传输和通信功能。

各类传感器：系统前端神经末梢，对各监测点现场环境参数进行监测、数据采集、就地显示、超限报警、信息传输等。

二、系统特点

（1）全数字化传输：分站与所有传感器、执行器之间均采用 RS485 数字信号传输，实现全数字化系统，提升了传输可靠性。

（2）增强抗电磁干扰能力：系统静电放电抗扰度试验（严酷等级 3 级，A 级评价）；射频电磁场辐射抗扰度试验（严酷等级 2 级，A 级评价）；电快速瞬变脉冲群抗扰度试验（严酷等级 3 级，A 级评价）；浪涌（冲击）抗扰度试验（严酷等级 3 级，A 级评价），抗电磁干扰能力高于安全监控系统升级改造标准要求，提高了系统可靠性。

（3）先进传感器应用：系统包括激光、红外、风速风向传感器、无线多参数、有线多参数传感器等多种先进传感器。

（4）防护等级提升：系统所有传感器的防护等级全部由 IP54 提升到 IP65，保证了产品的稳定性。

（5）安全等级提升：传感器防爆型式由 ExibI Mb 提升到 ExiaI Ma。

（6）格式规范化：分站可通过 RS485 总线接口、以太网光口、以太网电口和 VDSL 接口方式进行数据传输，可根据用户现场实际情况灵活选择组网方式，降低系统建设成本。

（7）传感器带载距离提升：系统采用 24 V 直流稳压输出型本安电源，提升了传感器的远程带载能力，所有传感器带载距离 ≥3 km，最大远程本安供电距离可达 6 km（0.52 mm 直径电缆），并满足分级管理要求。

（8）多系统融合技术：系统实现了监测监控与 GIS 技术的有机融合，实现安全监控与人员定位、应急广播等系统融合与联动。

（9）具备 Web GIS 功能：系统支持在 CAD 图纸上描绘设备布置情况，并可动态实时展示井下环境参数、设备运行情况等信息。

（10）具备瓦斯抽采（放）的计量与统计功能，可统计瓦斯抽采（放）小时报表、日报表、月报表、年报表等。

（11）自诊断、自评估功能：系统支持传感器自识别、自诊断、即插即用，具备定期维护、标校提醒、地址重复提醒功能，降低使用维护难度。

（12）大数据分析：系统可实现伪数据、异常数据的分析与标注，并在不增加任何硬件投入的情况下，实现煤与瓦斯突出实时诊断，满足《防治煤与瓦斯突出细则》的要求。

（13）系统软件优化：软件具备报表全动态可编辑性、双机热备可靠性、图形导入和展示兼容性、系统故障自检、数据库加密存储等功能，方便用于使用、维护和培训。

(14) 系统支持手机 APP、短信推送、3D GIS 等业务应用。

(15) 系统具备配套的安全监控系统模拟故障仿真软件，通过培训软件，可实现对监测工的技能培训与考核，降低煤矿企业人员培训成本。

知识点二 KJ95X 煤矿安全监测监控系统平台操作方法

进入系统主界面，在界面顶部共有 8 个菜单项："参数设置""实时数据""历史统计""辅助操作""瓦斯预测及突出报警""瓦斯抽放""视图"及"帮助"，如图 7-11 所示。

图 7-11 KJ95X 煤矿安全监控系统主界面

以下重点介绍常用操作。

一、测点定义

1. 功能概述

选择系统选项卡"参数设置"-"测点定义"，如果系统当前处于热备状态，则会出现提示信息，如图 7-12 所示，选择"是"则不打开"测点定义"界面，选择"否"则继续打开"测点定义"界面（图 7-13）；如果系统当前处于主机状态则直接打开"测点定义"界面。如果正在进行即插即用配置，则会给出提示信息，如图 7-14 所示。测点定义可以用来进行测点配置和测点信息的查看。

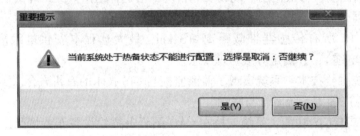

图 7-12 热备状态不能配置窗口界面

2. 操作说明

测点配置程序主要分 6 种显示方式：设备树、传感器、导出量、历史测点、分级报警、风电瓦斯闭锁，分别对应图 7-15 左上角的显示方式。

1) 设备树显示模式

该模式主要是以网关、分站和分站下所接传感器和控制量来显示。右侧是设备树列表。左侧是当前所选设备的具体信息。在分站显示模式下右键弹出菜单；通过菜单可以进行搜索网关、添加、删除、发送 ID 表、重新初始化等操作设置，如图 7-15 所示。

图 7-13 测点定义登录窗口界面

图 7-14 正在配置即插即用测点不能启动测点定义窗口界面

图 7-15 设备总览窗口界面

(1) 添加网关：当选中空白区域时，菜单出现添加网关选项，主要用于用户手工添加网关设备，如图 7-16 所示。用户可以选择设备编号（1-255），输入安装位置，输入 IP 地址和端口等信息。目前本系统的网关只支持 UDP 协议的智能网关，其他类型的网关暂时不开放配置。

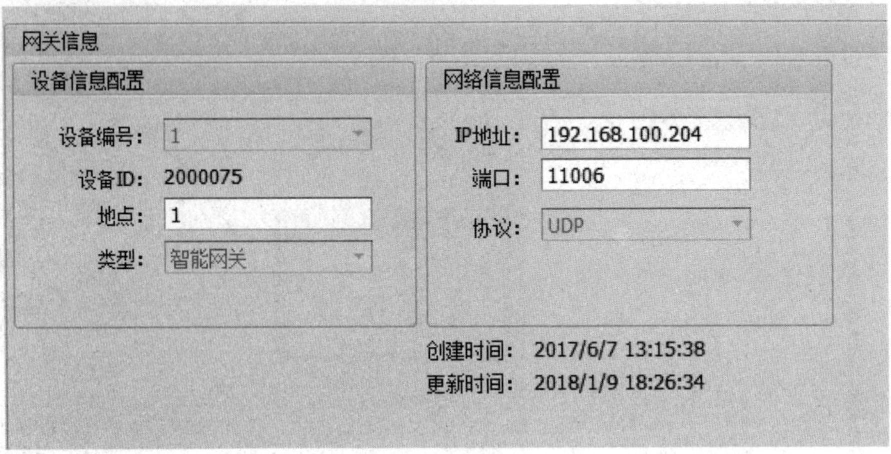

图 7-16 网关信息界面

（2）搜索网关/分站：当选中空白区域时，菜单出现搜索网关/分站选项，用户可以自动搜索网络中存在的智能网关和网络级分站，如图 7-17 所示。用户可以勾选需要添加的分站和网关来进行确认保存。

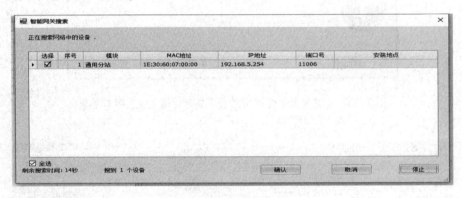

图 7-17 智能网关搜索窗口界面

（3）添加分站（网络）：当选中空白区域时，菜单出现添加网络分站选项，主要用于用户手工添加网络分站设备，如图 7-18 所示。用户可以选择唯一的分站地址（1-511）；不同的分站型号可能会造成该分站下所接传感器的不同；所属区域可以选择不同的区域信息；网络分站的通信方式为固定式 UDP 模式，同时需要配置 IP 地址和端口；所属模块表示当前分站属于哪个系统使用；时隙优先级对于网络分站无意义，默认 0 即可。

（4）添加：当选中分站设备时，可添加该分站下的一些具体传感器设备，主要分为物理端子和总线。物理端子主要包括模拟量、开关量、累计量、控制量，其中系统会自动根据当前分站的属性来决定是否允许添加对应的传感器，如图 7-19 所示。传感器配置中，用户可以配置所属分站、分站端子、所属区域、安装地点、传感器名称等信息。"启用分级报警"功能可以设置传感器的分级报警，如图 7-20 所示。

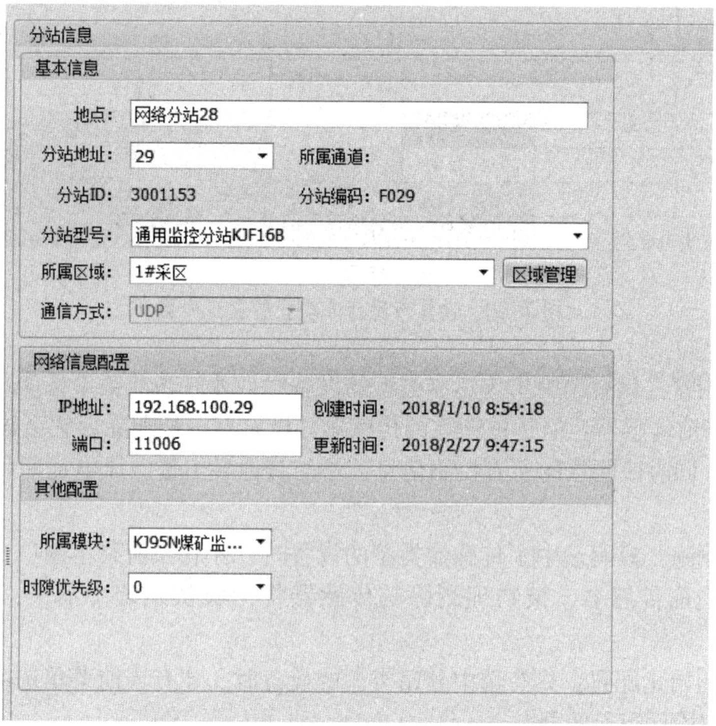

图 7-18 分站信息界面

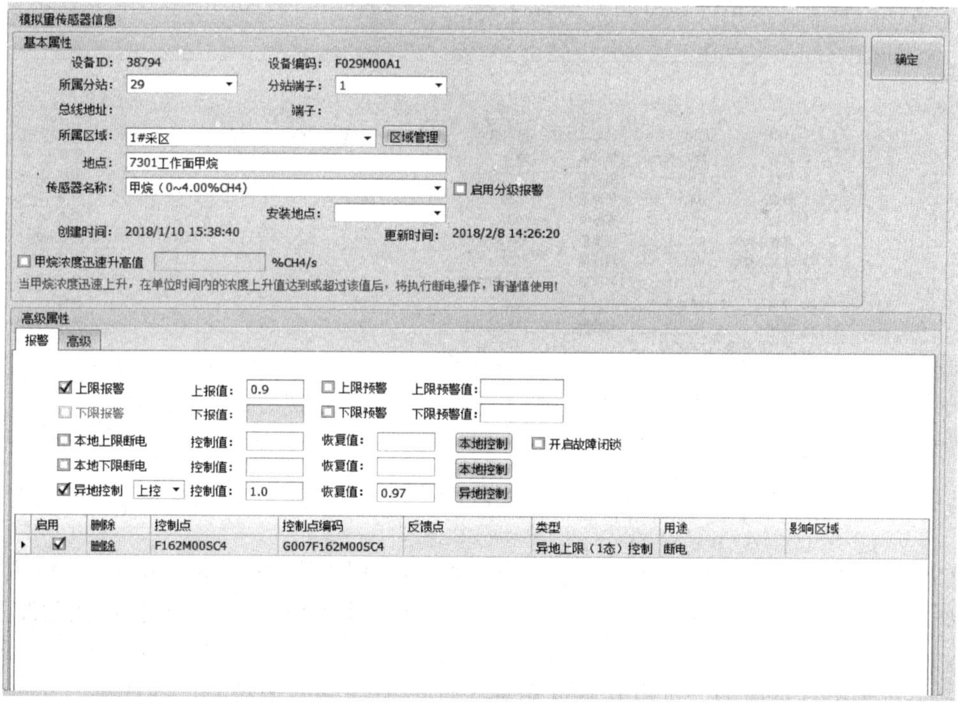

图 7-19 模拟量传感器信息界面

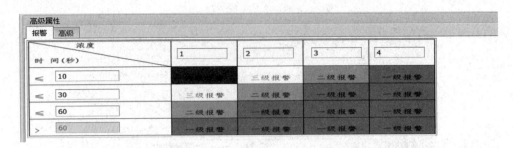

图 7-20 设置传感器分级报警窗口界面

（5）逻辑删除：只有选中了传感器类型的设备时，才有当前菜单选项。用户使用逻辑删除功能删除当前传感器，但是被删除的传感器并没有真正被删除，它会被挪到"历史测点"显示栏中，同时该测点的所有控制信息、参与其他导出量、风电瓦斯闭锁等配置都将被删除。

（6）物理删除：只有选中了传感器类型的设备时，才有当前菜单选项。用户使用物理删除功能删除当前传感器，被物理删除的传感器将彻底从系统中消失，且无法恢复和撤销。

（7）重新初始化配置：只有选中分站类型的设备时，才有当前菜单选项。用户可以使用该功能重新初始化当前的分站。

（8）发送设备 ID 表配置：只有选中分站类型的设备时，才有当前菜单选项。用户可以使用该功能向所选分站发送 ID 配置表，如图 7-21 所示。可以打钩选择不同的传感器，选择完成后，点击"发送"按钮进行数据下发。

图 7-21 发送 ID 表窗口界面

（9）远程信息：只有选中分站类型的设备时，才有当前菜单选项。用户可以使用该功能向所选分站发送风电瓦斯解锁、瓦斯突出解锁、获取分站信息、传感器信息等远程信息。

分站远程信息页面中，可以从分站设备上获取包括分站型号、厂商代码、协议版本号、分站硬件版本号、分站固件版本号、分站 SN 号等基本信息，如图 7-22 所示。还可以对分站进行写入操作，如分站密码、分站工作模式、解锁、通信机制等。用户只要点击写入信息后面所对应的写入配置按钮，即可写入。

图 7-22　分站远程信息界面

从设备信息主要是当前分站下所接的从设备的信息显示，主要包括设备的编码、安装地点、传感器型号、产品类型、硬件版本号、固件版本号、协议版本号、产品 SN、厂商代码等。

2）传感器显示模式

该模式主要是显示系统里所有的传感器和控制量，如图 7-23 所示。在传感器显示模式下不存在右键菜单，只支持修改功能。传感器修改配置功能和设备树显示模式下的修改配置方式一致，不再重复说明。

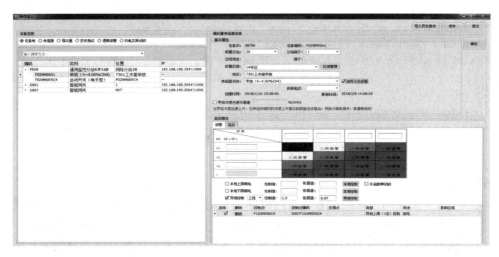

图 7-23　传感器显示模式界面

159

3) 导出量显示模式

该模式主要是显示系统里所有的导出量，并且对其进行添加、修改和删除操作，如图7-24所示。

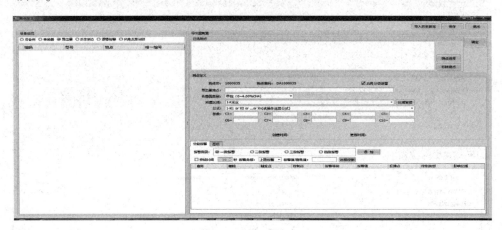

图 7-24　导出量显示模式界面

（1）添加导出量：右键左侧表格空白地方，弹出"添加"菜单，选择其中的"模拟量导出量""开关量导出量""累计量导出量"来添加对应的导出量。

（2）已选测点：选择参与当前导出量计算的其他实际传感器。

（3）传感器类别：根据所选的导出量类型，自动列出所有当前导出量类型下所支持的传感器类别。

（4）公式：选择可用的导出量计算公式，同时根据公式来输入参与公式运算的参数。

（5）导出量基本配置：该配置主要是配置导出量断电和报警的相关信息。如果启用了"分级报警"功能，如图7-25所示，则表示当该导出量达到某个报警断电值时，在持续了一定时间后，发生分级报警，并且可以同时进行断电功能。

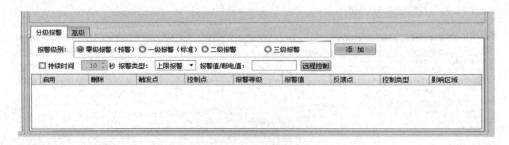

图 7-25　分级报警界面

4) 历史测点显示模式

该模式主要是显示系统里所有的逻辑删除的传感器，如图7-26所示。该显示模式不显示具体传感器的信息，只列出一个概要信息表，同时提供恢复和物理删除功能。

（1）恢复测点：恢复当前选中的历史测点，系统会检查当前测点能否被恢复，需要考虑当前测点之前所在端口是否被占用，分站是否还存在等一系列条件，如果检查通过，则该历史测点会移到被删除前的位置。

（2）物理删除：彻底删除当前选中的历史测点。

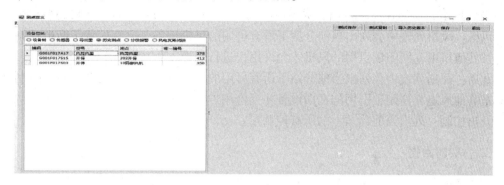

图 7-26　历史测点显示界面

5）分级报警显示模式

该模式主要是为用户提供几种导出量的计算模型，如图 7-27 所示。

（1）报警模型：系统内置了 9 种报警模型，选择其中任意的一种，其计算模型属性都将发生改变。

（2）计算模型属性：该属性块内包含有当前计算模型所需要的一些计算参数，需要用户填写，比如报警门限、持续时间、报警个数、包含测点等。

（3）高级属性：该属性块内包含有当前的所属模块，也就是用户选择该报警模型是属于哪个子系统的。

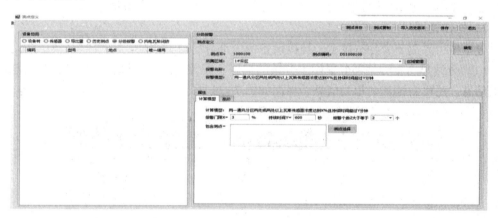

图 7-27　分级报警界面

6）风电瓦斯闭锁显示模式

该模式主要是为用户提供输入风电闭锁和风电瓦斯闭锁配置的功能。

（1）风电闭锁配置：用户选择当前风电闭锁的分站，输入风机名称。

风机：风机列表中会列出当前分站下所有可用的风机设备，只有配置了断电控制并且没有被其他风电闭锁引用的风机才允许用户进行选择。

风筒风量：风筒风量列表中列出了当前分站上的所有风筒和风量传感器，只有配置了断电控制并且没有被其他风电闭锁引用的风筒风量才允许用户进行选择。

开出控制：列出当前分站上的所有控制量。

（2）风电瓦斯闭锁配置：用户选择当前风电瓦斯闭锁的分站，输入风机的名称。

风机：风机列表中会列出当前分站下所有可用的风机设备，只有配置了断电控制并且没有被其他风电瓦斯闭锁引用的风机才允许用户进行选择。

瓦斯：瓦斯列表中会列出当前分站下所有可用的瓦斯设备，只有配置了断电控制并且没有被其他风电瓦斯闭锁引用的瓦斯设备才允许用户进行选择。

开出控制：列出当前分站上的所有控制量。

二、实时数据

点击实时数据，可以显示各实时数据操作模块，如图7-28所示。

图7-28 实时数据界面

1. 分站端口显示

1）功能概述

选择系统选项卡"实时数据"-"分站端口显示"进入"分站端口显示"界面。分站端口显示界面展示用户配置好的分站以及分站端口对应接入的设备信息。

2）操作说明

分站显示界面分为分站显示、挂接设备两个部分。

（1）分站显示：分站部分显示了分站的编码、安装地点、型号、运行状态、供电状态相关信息，还可右键查询相关信息，界面如图7-29所示。

编码	地点	型号	运行状态	供电状态
G001F017	调试室	通用监…	网关无响应	电源未知
G002F004	4分站1	通用监…	网关无响应	电源未知
F005	202	综合分站	通信故障	电源未知
G001F006	分站6	通用监…	网关无响应	电源未知
F201	192.168.200.201	通用监…	通信故障	电源未知
G004F001	xxx	通用监…	未知	未知
F002	computer142	综合分站	未知	未知

图7-29 分站显示界面

（2）挂接设备：挂接设备显示分站下的所有输入和输出设备的相关信息，包括编码、地点、类型、监测值、控制点、状态信息、报警,右键可以进行相关查询。

2. 模拟量

1) 功能概述

选择系统选项卡"实时数据"-"模拟量"进入"模拟量"界面。模拟量界面展示用户配置好的模拟量类型的测点信息。

2) 操作说明

模拟量界面分为类别过滤条件、监测值过滤条件、数据显示3个部分。

(1) 类别过滤条件:需要显示的测点数据可以按照所属系统、传感器类别、测点性质、所属区域进行分类查询,每个下拉框中对应进行勾选即可,界面如图7-30所示。

图7-30 类别过滤界面(模拟量)

(2) 监测值过滤条件:监测值过滤按照上限和下限进行过滤,对应输入上限和下限的值,单击"筛选"按钮即可,界面如图7-31所示。

图7-31 监测值过滤界面(模拟量)

(3) 数据显示:数据显示部分显示按条件过滤到的数据信息;右键可以进行相关信息的查询,界面如图7-32所示。

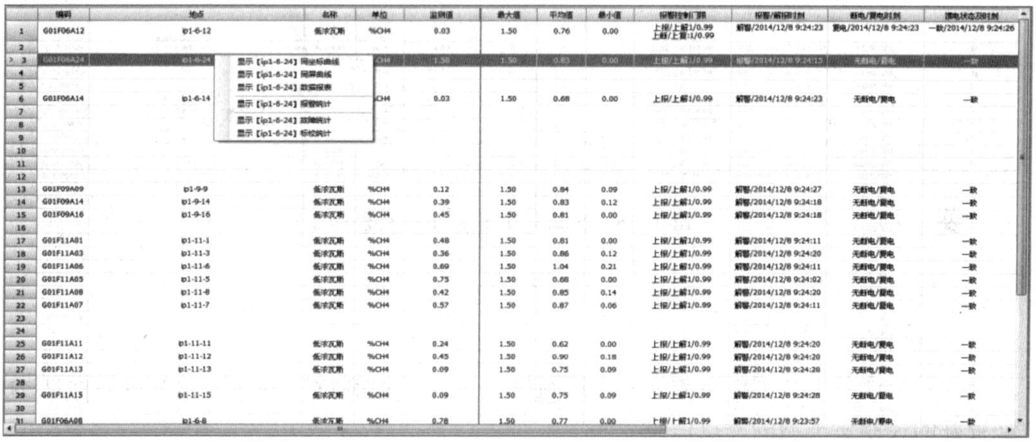

图7-32 数据显示界面(模拟量)

3. 开关量

1) 功能概述

选择系统选项卡"实时数据"-"开关量"进入"开关量"界面。开关量界面展示用户配置好的开关量类型的测点信息。

2）操作说明

开关量界面分为类别过滤条件、监测值过滤条件、数据显示3个部分。

(1) 类别过滤条件：需要显示的测点数据可以按照所属系统、传感器类别、测点性质、所属区域进行分类查询，每个下拉框中对应进行勾选即可，界面如图7-33所示。

图7-33　类别过滤界面（开关量）

(2) 监测值过滤条件：监测值过滤，输入开关量值（分为0和1），单击"筛选"按钮即可，界面如图7-34所示。如果输入的不符合要求会给出提示信息。

图7-34　监测值过滤界面（开关量）

(3) 数据显示：数据显示部分显示按条件过滤到的数据信息；右键可以进行相关信息的查询；界面如图7-35所示。

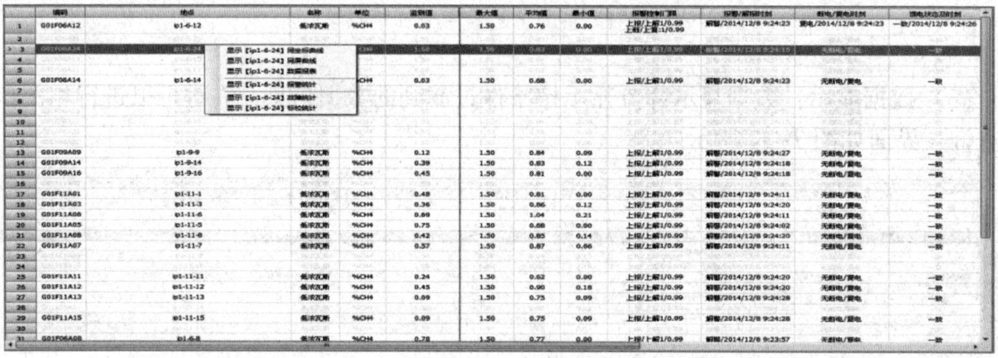

图7-35　数据显示界面（开关量）

4. 控制量

1）功能概述

选择系统选项卡"实时数据"-"控制量"进入"控制量"界面。控制量界面展示用户配置好的控制量类型的测点信息。

2）操作说明

控制量界面分为类别过滤条件、数据显示两个部分。

(1) 类别过滤条件：需要显示的测点数据可以按照所属系统、传感器类别、测点性质、所属区域进行分类查询，每个下拉框中对应进行勾选即可。

(2) 数据显示：数据显示部分显示按条件过滤到的数据信息；右键可以进行相关信息的查询。

5. 累计量

1) 功能概述

选择系统选项卡"实时数据"-"累计量"进入"累计量"界面。累计量界面展示用户配置好的累计量类型的测点信息。

2) 操作说明

累计量界面分为类别过滤条件、数据显示两个部分。

(1) 类别过滤条件：需要显示的测点数据可以按照所属系统、传感器类别、测点性质、所属区域进行分类查询，每个下拉框中对应进行勾选即可。

(2) 数据显示：数据显示部分显示按条件过滤到的数据信息；右键可以进行相关信息的查询。

6. 班次统计

1) 功能概述

选择系统选项卡"实时数据"-"班次统计"进入"班次统计"界面。班次统计界面展示用户所选开关量（含控制量）测点的当前状态以及查询天各班及全天的开停次数、时间；所选累计量测点的当前状态以及查询天各班及全天的累计值信息。

2) 操作说明

(1) 设置查询时间：可通过日期控件选择具体的查询天，也可通过点击"前一天""后一天"按钮进行查询时间选择。最晚仅能查询当前天的班次统计信息。

(2) 选择测点：点击"测点选择"按钮，打开测点选择界面，选择需要查看班次统计信息的测点后点击"确定"按钮，将直接查询所选测点的班次统计信息。点击"取消"则放弃测点选择直接退出测点选择界面。

(3) 查询：选择相应的查询日期和测点后点击"查询"按钮，相关班次统计信息将会被显示到界面下方的列表中。

(4) 打印：点击"打印"按钮，如列表中没有班次统计信息将会弹出提示信息，否则将打开打印预览界面，点击打印按钮完成列表打印。如果出现一个测点的统计跨页显示且上一页测点信息无法显示完全时，可以通过调整页脚的高度，将显示不全的信息显示到下一页。

(5) 导出：点击"导出"按钮，如列表中没有班次统计信息将会弹出提示信息，否则弹出导出数据路径和文件名对话框，设置文件名后点击"保存"按钮导出。

7. 系统实时控制显示

1) 功能概述

选择系统选项卡"实时数据"-"系统实时控制显示"进入"系统实时控制显示"界面，如图7-36所示。系统实时控制显示界面展示用户所选配置当前正在运行的测点控制关系以及风电瓦斯闭锁配置信息（界面的信息会定时刷新）。

2) 操作说明

(1) 测点：按照测点的方式进行控制关系信息的展示，如图7-37所示，右键"测点"一列可以显示快捷菜单并进行相关信息的查询。

(2) 控制点：按照控制点的方式进行数据展示，如图7-38所示，右键"控制点"一列可以显示快捷菜单并进行相关信息的查询。

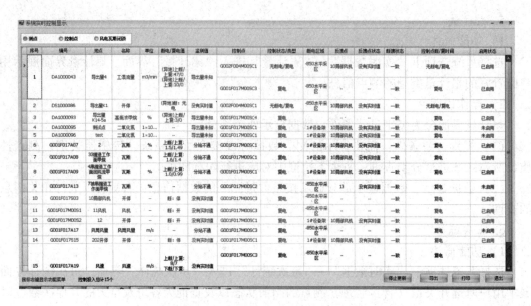

图 7-36 系统实时控制显示界面

图 7-37 测点窗口界面

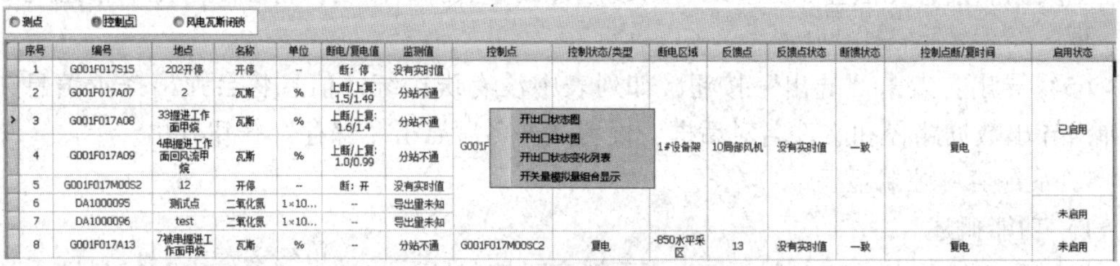

图 7-38 控制点窗口界面

（3）风电瓦斯闭锁：显示系统配置的风电瓦斯闭锁配置信息，如图 7-39 所示，右键"风电瓦斯闭锁"一列可以显示快捷菜单并进行相关信息的查询。

（4）打印：点击"打印"按钮，将打开打印预览界面，点击打印按钮完成列表打印。

（5）导出：点击"导出"按钮，弹出导出数据路径和文件名对话框，设置文件名后点击"保存"按钮导出。

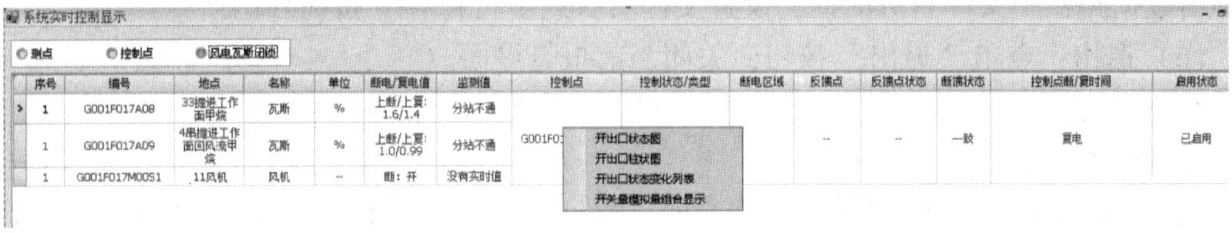

图 7-39 风电瓦斯闭锁窗口界面

(6) 停止/继续更新：单击"停止更新"按钮，可以停止界面数据的刷新，同时按钮的文字变为"继续更新"；单击"继续更新"按钮，可以重新启动界面数据的更新。

(7) 退出：单击"退出"按钮可以退出界面。

8. 当前报警

1) 功能概述

选择系统选项卡"实时数据"－"当前报警"进入"当前报警"界面，如图 7-40 所示。当前报警界面显示系统的实时报警、断电、馈电异常和预警信息。

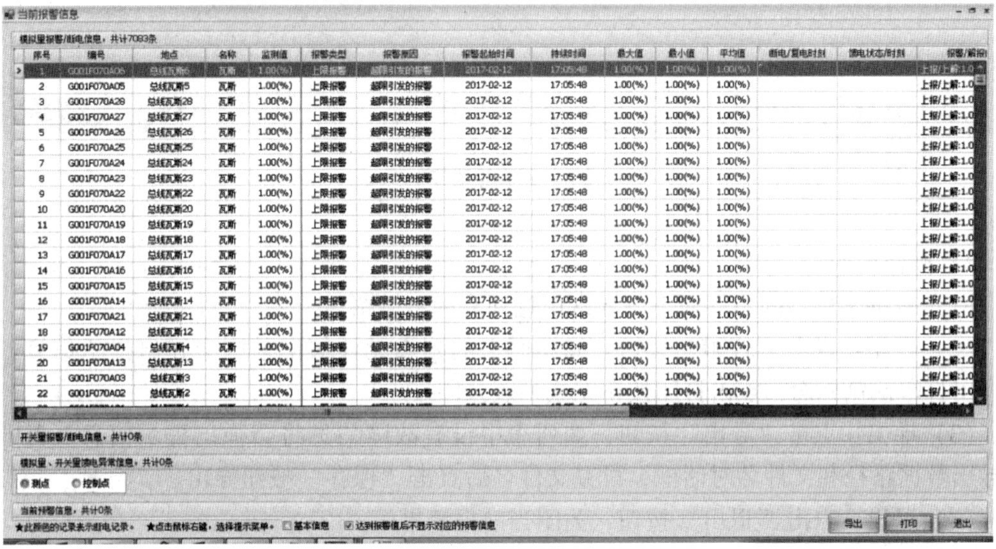

图 7-40 当前报警窗口界面

2) 操作说明

(1) 显示基本信息：勾选 ☑基本信息，界面将隐藏断电信息相关的列，否则这些列将会显示。

(2) 达到报警值后不显示预警：勾选 ☑达到报警值后不显示对应的预警信息，达到报警值的预警信息将不会在预警列表中显示，否则即使达到报警值预警信息还是被显示出来。

(3) 右键：同主界面下方异常信息列表的右键操作。

(4) 打印：点击"打印"按钮，如界面上的列表无任何记录则会弹出提示信息，否则弹出打印预览界面，点击打印按钮完成列表打印。

(5) 导出：点击"导出"按钮，如列表中没有报警信息将会弹出提示信息，否则弹出导出数据路径和文件名对话框，设置文件名后点击"保存"按钮导出。

（6）退出：点击"退出"按钮，关闭当前报警界面。

9. 当前故障

1）功能概述

选择系统选项卡"实时数据"-"当前故障"进入"当前故障"界面，如图 7-41 所示。当前故障界面显示系统的测点、分站级设备、参数、IO、电源及通信设备的实时故障信息。

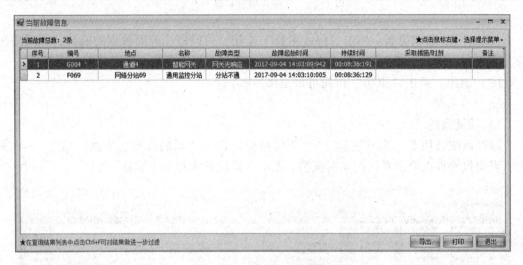

图 7-41　当前故障窗口界面

2）操作说明

（1）右键菜单：同主界面下方异常信息列表的右键菜单。

（2）打印：点击"打印"按钮，如界面上的列表无任何记录则会弹出提示信息，否则弹出打印预览界面，点击打印按钮完成列表打印。

（3）导出：点击"导出"按钮，如列表中没有故障信息将会弹出提示信息，否则弹出导出数据路径和文件名对话框，设置文件名后点击"保存"按钮导出。

（4）退出：点击"退出"按钮，关闭当前报警界面。

10. 状态变动显示

1）功能概述

选择系统选项卡"实时数据"-"状态变动显示"进入"状态变动显示"界面，如图 7-42 所示。状态变动显示界面展示在指定时间内状态发生过变化的开关量（含控制量）测点实时信息。

2）操作说明

（1）设置时间：可通过 ⇅ 调整时间，也可手动输入，时间设置的最大值不能超过 10 min。

（2）选择测点：点击"测点选择"按钮，弹出测点选择界面，如图 7-43 所示，选择所需的测点后点击"确定"按钮，点击"退出"按钮则放弃选择测点直接退出测点选择界面。状态变动显示界面打开时默认选中所有的开关量（包含控制量）测点。

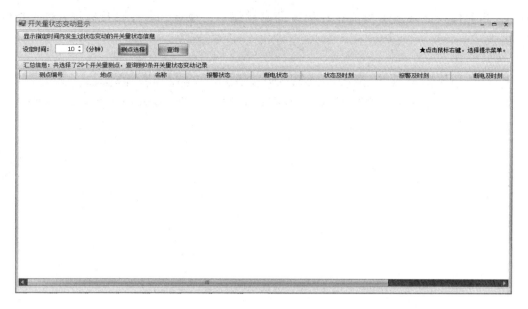

图 7-42 状态变动显示界面

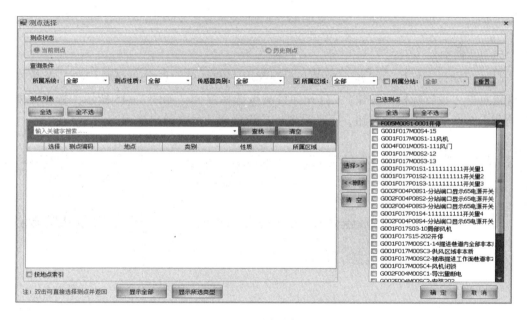

图 7-43 测点选择界面

（3）查询：完成时间设置后点击"查询"按钮进行查询，查询结果将在页面下方的列表中进行展示。

（4）右键菜单：同主界面中部实时数据的右键菜单。

11. 当前标校

1）功能概述

选择系统选项卡"实时数据"－"当前标校"进入"当前标校"界面，如图 7-44

所示。当前标校记录显示当前正在标校的测点编号、地点、名称以及标校开始、持续时间。

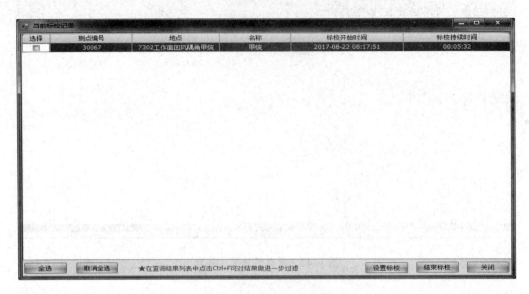

图 7-44 当前标校界面

2) 操作说明

(1) 手动设置标校：在界面表格上右键弹出右键菜单，点击"设置标校"菜单（或者直接点击"设置标校"按钮），打开标校测点选择界面，如图 7-45 所示，选择需要标校的测点，点击"确定"按钮，手动设置标校设置成功后会弹出提示。

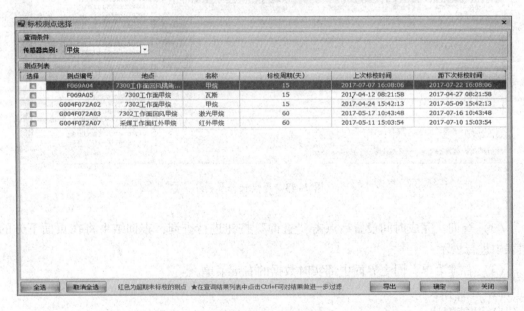

图 7-45 手动设置标校界面

(2) 手动结束标校：在界面表格上选中需要结束标校的测点，右键弹出右键菜单，点击"结束标校"菜单（或者直接点击"结束标校"按钮），弹出确认操作提示信息，如图7-46所示，点击"确定"按钮结束标校或者点击"取消"按钮放弃操作；手动结束测点的标校状态成功后会弹出提示信息。如不选择任何标校记录点击"结束标校"则弹出提示信息如图7-47所示。

图 7-46　手动结束标校界面

图 7-47　结束标校界面

(3) 全选：选中列表中所有的当前标校记录。
(4) 取消全选：取消列表中全选的当前标校记录。
(5) 关闭：关闭当前标校界面。

12. 实时曲线

1) 功能概述

选择系统选项卡"实时数据"－"实时曲线"进入"实时曲线"界面，如图7-48所示。实时曲线界面显示用户所选模拟量测点的实时数据列表和曲线。

2) 操作说明

(1) 选择测点：点击"测点选择"按钮，打开测点选择界面，如图7-49所示，选择所需的测点后点击"确定"按钮。点击"取消"则放弃选择测点直接退出测点选择界面。

(2) 曲线颜色设置：点击"曲线颜色"按钮，弹出曲线颜色设置界面，设置完各

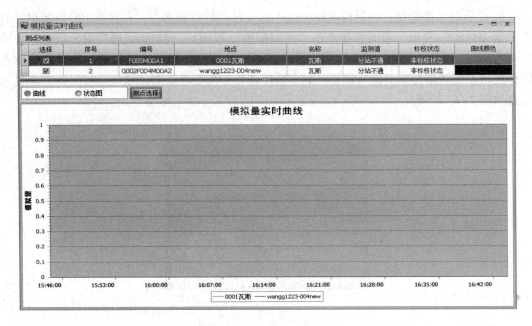

图 7-48 实时曲线界面

图 7-49 测点选择界面

曲线颜色后点击"确定"按钮完成颜色设置,点击"取消"则终止颜色设置退出界面。

(3) 测点列表:测点列表显示选择的测点的信息,其中"选择"一列可以设置是否需要显示该测点的曲线。

(4) 曲线、状态图切换:实现曲线、状态图的切换,实时曲线界面默认按照曲线进行显示。

13. 实时达标检测

1）功能概述

选择系统选项卡"实时数据"-"实时达标检测"进入"实时达标检测"界面，如图 7-50 所示。实时达标检测界面显示系统测点实时达标检测信息。

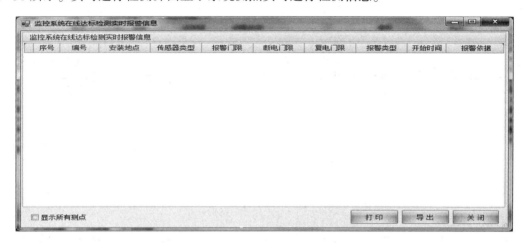

图 7-50　实时达标检测界面

2）操作说明

（1）打印：点击"打印"按钮即可，如果数据为空给出无法打印提示。

（2）导出：点击"导出"按钮即可，如果数据为空给出无法导出提示。

14. 实时电源信息

1）功能概述

选择系统选项卡"实时数据"-"实时电源信息"，通过用户密码验证后进入"实时电源信息"界面。实时电源信息界面包含电源实时动态展示、远程控制功能，具体包括：动态展示电流流向、电源各路通信数据及状态、供电时间、工作模式、电池组电压等情况；远程电池维护放电、远程取消维护放电。

2）操作说明

（1）选择电源：电源下拉框选择要查看的电源，界面会显示相应电源信息。

（2）电池维护放电：界面左下方选中"电池维护放电"选项，点击"控制操作"按钮即可，界面会显示操作结果。

（3）取消维护放电：界面左下方选中"取消维护放电"选项，点击"控制操作"按钮即可，界面会显示操作结果。

◎ 任务实施

【任务要求】

随着科学技术的发展，煤矿安全监测监控系统不断完善，请同学们搜索煤矿安全监测监控系统的应用案例，分析案例的特点。根据引导问题逐步学习、研讨，最终以 PPT 形式汇报成果。

【任务计划与实施】

引导问题 1：KJ95X 监测监控系统具有哪些功能？

引导问题 2：简述 KJ95X 监测监控系统多系统融合及应急联动的功能特点。

◎ 思政小课堂

煤矿安全监测系统综合运用物联网、大数据、云计算、移动互联、机器学习等技术，实现煤矿瓦斯、水、火、顶板、粉尘等灾害信息的监测预警和灾害模拟仿真，为灾害超前治理和源头管控提供依据，提高了矿井灾害防治水平，实现矿井灾害智能化防控。通过学习 KJ95X 监测监控系统功能及特点，激发青年学生的好奇心、想象力、探求欲，培养青少年的创新思维，希望广大青年始终以浓厚的兴趣和敢为人先的勇气，在学习和实践中孜孜不倦地追求梦想，坚持不懈地探寻科学奥秘，投身科技强国建设。

◎ 任务考核

1.（多选题）KJ95X 煤矿安全监测监控系统主要由监控主机、（　　）、瓦斯抽采监测设备、线缆辅材等组成。

　A. 系统软件　　　　　　　　B. 监控分站
　C. 各类传感器　　　　　　　D. 传输网络

2.（多选题）KJ95X 煤矿安全监测监控系统具有以下（　　）等优点。

　A. 数字化传输、抗电磁干扰能力强
　B. 监控设施防护等级高、支持多网和多系统融合
　C. 具有自诊断和自评估功能、可对数据应用分析和应急联动
　D. 系统性能指标优越、储存数据加密、使用和维护方便

3.（多选题）KJ95X 煤矿安全监测监控系统可提供手机（　　）等方式查看。

　A. APK　　　　B. APP　　　　C. WEB　　　　D. API

4.（单选题）KJ95X 煤矿安全监测监控系统的多系统融合功能主要采用（　　）融合方式。

　A. 地面　　　　B. 井下　　　　C. 无线　　　　D. 地面+井下

5.（判断题）KJ95X 安全监控系统按层级配置设备的性质、种类、测点的报警方式来控制客户端是否报警，以语音、声光、图文弹窗等组合方式响应系统的报警信息。（　　）

◎ **任务评价**

根据考核内容,学生完成自我小结并进行自评打分,教师根据学生活动情况进行点评并完成教师打分,最后按学生自评分×40%+教师评分×60%计算得分。

考核评价表

模块八		项目三 KJ95X 煤矿安全监测监控系统		
班级		姓名		
评价类别	考核内容	分数	学生自评分	教师评分
知识目标	了解 KJ95X 煤矿安全监控系统的基本功能	20		
	掌握 KJ95X 煤矿安全监控系统的操作方法	20		
能力目标	能辨识和操作 KJ95X 煤矿安全监控系统各模块	20		
	能完成 KJ95X 煤矿安全监控系统软件的应急联动模块各项功能的设置	20		
素质目标	培养严谨仔细的工作态度,在作业岗位中按规定操作,树立安全第一的思想	20		
小计		100		

模块八 煤矿智能化建设典型应用案例

◎ **模块说明**

2023年6月25日,国家能源局印发《全国煤矿智能化建设典型案例汇编(2023年)》,加快推动新一代信息技术与煤炭产业深度融合。本模块主要学习在煤矿智能化建设过程中涌现出来的3个典型企业应用案例。

项目一 付村煤矿通风系统智能决策与动态管控平台

◎ **学习目标**

☞ 知识目标

(1) 了解煤矿通风系统智能决策与动态管控平台的功能。

(2) 了解煤矿通风系统智能决策与动态管控平台技术特点及先进性。

☞ 能力目标

(1) 能正确认识通风系统智能决策与动态管控平台建设成效。

(2) 能理解智能决策与动态管控的趋势。

☞ 素质目标

引导学生重视科技在煤炭行业发展中的作用,在作业岗位中养成不断学习的习惯,尤其注重新技术的学习与应用。

◎ **案例导入**

山东能源枣庄矿业(集团)付村煤业有限公司(以下简称付村煤矿)于1998年8月建成投产,矿井位于济宁市微山县,是山东能源枣庄矿业(集团)主力矿井之一,1998年8月建成投产,核定生产能力270万t/a,配套建有入洗能力300万t的现代化洗煤厂和装机容量2×12 MW煤矸石热电厂。矿井为低瓦斯矿井,煤层自燃倾向性为自燃,水文地质条件类型属中等;采用混合式通风方式,立井-480 m单水平、分区式开拓,上、下山开采。2011年4月26日,经煤炭科学研究总院北京煤化分院技术鉴定,为优质的1/3焦煤,具有低灰、低硫、高发热量、高黏结指数、高基氏流动度等特点。近年来,付村煤矿先后被评为山东煤炭行业十佳矿井、"质量、经营、服务"3A级企业、全国煤炭行业高产高效矿井、中国煤炭工业科技创新先进单位、全国煤炭工业先进集体,连续10年被评为安全程度评估A级矿井。

◎ **知识链接**

一、主要建设内容

当前采、掘、机、运四大系统智能化发展态势显著,而通防系统智能化建设滞缓,人工或半人工监测调控的矿井通防系统模式已不能有效应对瓦斯异常涌出、巷道变形、火灾或煤岩动力灾害等突发问题，矿井安全高效生产面临巨大风险与挑战。通防智能化与应急决策控制是提高智慧矿山现代通防建设发展的必然途径，亟待从矿井通防系统安全监测、超前预警、智能决策及动态管控等重大技术难题出发，提高矿井通防系统的信息化、自动化和智能化水平。

二、技术特点及先进性

1. 探索通防安全管理与治理智能化付村模式

针对付村煤矿通防系统运维管控现场亟待解决的突出问题，以"补齐基础硬件层、集成底部控制层、研究关键技术层、构建核心决策层"的研究思路，探索出了通防安全管理与治理智能化的付村模式，形成了"以智能通防设施为基础、以信息综合管控平台为核心、以智能通防队伍为保障"的隐患排查与治理一体化的先进管控理念，提高了通防系统的信息化、自动化和智能化水平。

2. 遵循监测原则，提供精确数据

遵循"关键部位，全部监测；重点部位，有效监测；其他部位，选择监测"的原则，采用光纤风速监测装置，测量精度 0.1 m/s，分辨率 0.01 m/s，可实现采空区漏风、巷道顶板及两帮附近的低风速高精度测量，为整个通风参数的在线分析与异常辨识、预警与风网实时解算提供了数据基础。

3. 建立风网参数实时解算模型

建立了风网参数实时解算模型，确定了付村煤矿通防系统异常判定的指标参数和阈值，提出了通防参数按需调控与应急控制策略。

（1）建立了矿井通风网络实时解算模型，提出了以风网各分支的风阻、主要通风机特性和监测监控系统风速（风量）、压差、温度、湿度、气压等传感器实时数据为基础，实现通风网络所有分支风向和风量的在线求解。

（2）基于监测数据和风网实时解算数据，融合人工智能算法，提出了通风异常状态和模式的快速判断方法，实现了矿井通风状态的在线诊断与预警，并采用多级报警模式，报警分为现场-区域-全矿三级。

（3）建立按需通风、应急通风控制决策层和井上/下联动设备执行层，构建矿井通风系统智能辅助决策模块，开发控风方案自动生成、智能控风指令分发、避灾路线快速生成等功能，实现矿井智能通风和应急调控。

4. 开发了矿井通防系统智能决策与灾害防控平台

开发了付村煤矿矿井通防系统智能决策与灾害防控平台，形成了通防参数在线监测、超前预警与智能决策调控一体化技术体系，实现矿井通防系统运维管控的一张图、一个平台和一个数据中心。

（1）集成了矿井安全监控系统（一通三防信息）、人员定位系统、主要通风机监控系统、局部通风机监控系统、通风设施监控系统、井下束管监测系统、光纤测温系统和注浆系统等数据，统一数据接口，实现了通防系统多源异构信息的有机融合与通防系统管理的一张图。

（2）通风三维可视化子系统支持风网数据导入与导出、图形数据导入以及直接绘制等方式，动态生成矿井通风系统三维模型，支持巷道、通风设施和传感器数据更新维护。

(3)实现通风网络实时解算、按需供风、故障诊断,完成通风系统优化和通风地理信息一体化管理,联合井下通风设施和应急装备,构建救灾避灾一体化控风方案预案库,实现了通防系统运维管控的一个平台,避灾路线模拟图和灾变控风方案自动生成。

(4)通过人员位置、视频、语音、设备和环境状态的信息融合,实现通防安全风险管控信息的互联互通,通过智能技术全周期和全方位地监测通防安全动态,形成集智能监测、预警、控制与决策一体化的数据处理中心。

三、智能化建设成效

1. 经济效益

实现矿井通风系统优化,合理调节阻力分布,以风机功率最小为目标设计了通风机工况优化调节算法,同时采用智能算法快速计算风量调控方案,高效调控通风设施,降低矿井通风能量损耗约8%,按付村煤矿目前通防设备总功率和实时电费计算,可节约128.4万元/年,同时加大付村煤矿产能,提高矿井生产效益,达到经济、节能目标。6个风速传感器安装点,可减少测风员对风量的手动测量;统一的通防信息平台实现矿井日常通风的自动化、智能化管理与维护,提高通风设施自动化控制水平,代替固定人员手动调控,搭配设备状态监测与故障智能诊断系统,智能巡检,实现通风系统的智能监测监控,达到自动化减人目标。预计可替代巡查维护人员1人、运行人员2人、测风员2人,预计节约资金78.8万元/年。

2. 社会效益

(1)推动了煤矿矿井通防系统的智能化发展,引领我国煤矿通风与安全建设核心技术、硬件与平台研发。研发数据集成统一平台,实现通风参数在线监测分析、通风网络三维可视化、实时解算与需供量计算、通防设备远程集控等。增强通防系统人机交互水平,集成加强对重要工作区域作业人员的管理,避免无关人员进入导致发生意外情况的危险和误操作的发生。

(2)提高了煤矿通防系统防灾减灾能力,保障了我国煤炭事业的可持续发展。根据监测数据及时智能调控风量排出粉尘和有毒有害气体,保障井下工人健康和正常生产安全;灾变时期的应急控风能够有效抑制灾情演化,同时联合井下人员定位信息,提供智能化救灾指导,注浆站能够加快注浆流程,风门风窗能够实现远程自动开合,提高救灾避灾效率,切实提高煤矿矿井通风系统的智能化水平和安全可靠性,最大限度地保障井下工人的生命安全,降低煤矿生产损失,达到安全、健康目标。

(3)增强了煤矿通防系统自动化调控能力,优化了我国矿井工人作业环境,推动煤矿产业绿色经济化。系统从安全和节能的要求出发,采用PLC与现场设备组合而成的控制系统,对井下通防设施实时调控,达到"远程监测监控、人机控制结合、按需智能调控"的效果,从而使矿井实现远程自动调控、节能减排、按需供风、防灾减灾的功能。

◎ **知识加油站**

使用移动端识别二维码,观看陕西彬长矿业集团有限公司智慧矿区建设视频资源。

视频 陕西彬长矿业集团有限公司智慧矿区建设

◎ 任务考核

1.（多选题）人工或半人工监测调控的矿井通防系统模式已不能有效应对（   ）等突发问题。
   A. 瓦斯异常涌出   B. 巷道变形   C. 火灾   D. 煤岩动力灾害

2.（多选题）以（   ）的研究思路，探索出了通防安全管理与治理智能化的付村模式。
   A. 补齐基础硬件层   B. 集成底部控制层
   C. 研究关键技术层   D. 构建核心决策层

3.（单选题）付村煤矿采用光纤风速监测装置，测量精度可达（   ）m/s。
   A. 0.05   B. 0.1   C. 0.2   D. 0.5

4.（单选题）付村煤矿矿井通风状态的在线诊断与预警，采用多级报警模式，报警分为现场-区域-（   ）三级。
   A. 区队   B. 全矿   C. 部门   D. 班组

5.（判断题）付村煤矿通风三维可视化子系统可支持风网数据导入与导出、图形数据导入以及直接绘制等方式，能够静态生成矿井通风系统三维模型。（   ）

◎ 任务评价

根据考核内容，学生完成自我小结并进行自评打分，教师根据学生活动情况进行点评并完成教师打分，最后按学生自评分×40%+教师评分×60%计算得分。

考核评价表

模块八	项目一 付村煤矿通风系统智能决策与动态管控平台			
班级		姓名		
评价类别	考核内容	分数	学生自评分	教师评分
知识目标	了解煤矿通风系统智能决策与动态管控平台的功能	20		
	了解煤矿通风系统智能决策与动态管控平台技术特点及先进性	20		
能力目标	能正确认识通风系统智能决策与动态管控平台建设成效	20		
	能正确理解智能决策与动态管控的趋势	20		
素质目标	引导学生重视科技在行业发展中的作用，在作业岗位中养成不断学习的习惯，尤其注重新技术的学习与应用	20		
小计		100		

项目二　新田煤矿 5G 专网与视频 AI 分析系统

◎ 学习目标

　　☞ 知识目标

　　（1）了解新田煤矿 5G 专网。

　　（2）了解新田煤矿视频 AI 分析系统。

　　☞ 能力目标

　　能正确理解 5G 专网与视频 AI 分析系统的工作原理。

　　☞ 素质目标

　　养成不断学习、不断钻研、追究卓越的敬业精神。

◎ 案例导入

　　永贵能源开发有限责任公司新田煤矿 2014 年 9 月投产，矿井资源储量 3.05 亿 t，可采储量 1.58 亿 t。2022 年，新田煤矿通过了国家能源局组织的"国家首批智能化示范煤矿"验收，成为贵州省首家、河南能源首家通过智能化矿井验收单位。2025 年矿井完成技改后生产能力将达到 210 万 t/a。

　　矿井采掘机械化程度达到 100%。拥有 318 岩巷综掘机 1 台，315 岩巷综掘机 1 台，履带式挖装机 3 台，岩巷作业线设备 1 套，千米定向钻机 6 台，履带钻机 36 台。系统完善，设备先进，职工劳动强度大幅下降。

　　2022 年，矿井拥有两个智能化综采工作面，营业收入 5.62 亿元，实现利润 1.18 亿元。

◎ 知识链接

一、主要建设内容

　　构建基于 5G 传输的高清视频监控和 AI 图像识别分析系统，实现井下实时视频监控高清呈现且分辨率优于 4 K，并对人员、机器、环境等监控视频进行智能分析，精准识别各种安全隐患和事故风险，响应时间小于 10 ms，并实现与煤矿其他相关子系统的联动与协同，提高安全生产效率。

　　1. 构建了矿用 5G 专网模式，实现 5G 专网组网

　　5G 专网是基于"灵活组网、按需定制"原则，为客户定制的专用网络。5G 专网有"优享、专享、尊享"三种模式，三种模式网络能力逐步叠加、专用程度逐步提高、网络价值逐步增强。5G 专网架构如图 8-1 所示。

　　2. 搭建新田煤矿 AI 智能管理平台，构建矿山 AI 视频分析与识别子系统

　　在 5G 网络基础上安装 36 台智能 AI 摄像仪，实现对主煤流、井口、主井输送带头、井下中央泵房、采煤工作面、掘进工作面等关键地点人员进入不安全区域、跨越输送带、异物、煤量、护帮板等的实时监控和报警，改变了传统人盯人局面。

二、技术特点及先进性

　　在煤矿专用 5G 通信网络基础上，针对井下视频监控系统视频画面分辨率较低、无法

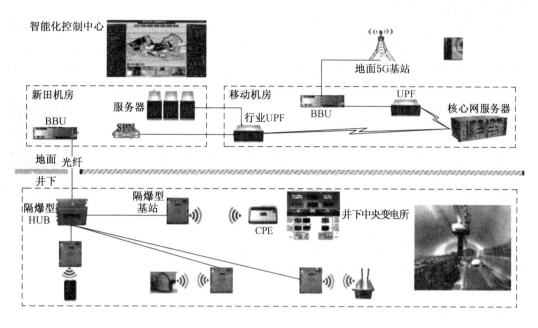

图 8-1 5G 专网架构图

对各种异常情况提前预判、事故突发时响应速度慢、智能化分析和控制联动效率低等问题,应用高清视频采集技术、图像识别技术、大数据分析与云计算技术等现代智能化手段,研究矿井视频图像的超分辨率重建方法,实现井下实时视频监控高清呈现且分辨率优于 4 K;研究基于数据挖掘与边缘计算的巷道物理环境与人、机交互的空间模型,构建边-云协同数字孪生的物理空间-信息空间映射关系和管理;研究基于深度学习的矿井复杂环境人-机-环图像特征检测与识别算法,构建基于 5G 传输的高清视频监控和 AI 图像识别分析系统。

三、智能化建设成效

1. 经济技术指标

(1) 通过图像超分辨率重建,实现优于 4 K 的视频高清呈现。

(2) 在 AI 图像识别分析系统中,自动识别人员、设备和环境等安全隐患,并实现实时联动和报警,响应时间不超过 10 ms。

(3) 井下配备本安认证的 5G 智能终端,自带 AI 识别功能,支持 5G 语音通话、视频通话。

(4) 建立云计算平台和 5G 专网合二为一。

2. 经济效益

该示范应用项目的智能化程度高、技术指标先进、可靠性高,能够极大提高我国煤矿智能化开采的生产效率。技术成果的产业化和示范应用完全符合国家的能源安全战略,符合我国煤矿安全、高产、高效生产的现实需求。可为我国煤炭装备提供可靠的技术支持和保障,具有广阔应用市场前景,经济效益显著。

3. 社会效益

通过本项目实施，形成一批具有国内外领先水平和自主知识产权的高新技术和高端装备，加快高新技术向传统行业渗透，改变煤炭工业生产面貌，推动产业的技术进步，有效缓解制约煤矿安全、高产、高效生产的技术瓶颈，提高产业竞争力，推动我国煤炭产业实现可持续发展。同时为煤炭产业在更高层次上的发展以及结构调整提供技术支撑和安全保障，社会效益十分显著。

◎ 知识加油站

使用移动端识别二维码，观看煤炭产销供价值链智慧联动在煤矿企业的应用。

视频 煤炭产销供价值链智慧联动在煤矿企业的应用

◎ 任务实施

【任务要求】

请同学们利用互联网技术，搜索新田煤矿在智能化矿井建设过程中的具体做法，以图片或者视频的形式汇总。根据引导问题逐步学习、研讨，最终以PPT形式汇报成果。

【任务计划与实施】

引导问题1：新田煤矿是如何将5G技术与煤矿监测监控系统进行融合应用的？

引导问题2：新田煤矿智能视频分析系统有哪些优点？

◎ 思政小课堂

煤矿AI视频智能分析系统是煤矿安全隐患监测及预警的"大脑"，实现对人员、机器、环境等监控视频的智能分析，精准识别各种安全隐患和事故风险，为煤矿生产保驾护航。通过学习新田煤矿5G专网与视频AI分析系统应用案例，激发青年学子树牢科技报国志，勇攀科学高峰，在推进强国建设、民族复兴伟业中绽放青春光彩。

◎ 任务考核

1. （多选题）新田煤矿5G专网与视频AI分析系统可对（　　）等监控视频进行智能分析。

　　A. 人员　　　　　　B. 煤层　　　　　　C. 机器　　　　　　D. 环境

2. （多选题）5G 专网有（　　）等多种模式。
   A. 尊享　　　　　B. 智享　　　　　C. 优享　　　　　D. 专享
3. （单选题）精准识别各种安全隐患和事故风险，响应时间小于（　　）ms。
   A. 2　　　　　　B. 5　　　　　　　C. 10　　　　　　D. 15
4. （判断题）新田煤矿 5G 专网与视频 AI 分析系统采用了高清视频采集技术、图像识别技术、大数据分析与云计算技术等现代智能化手段。（　　）

◎ 任务评价

根据考核内容，学生完成自我小结并进行自评打分，教师根据学生活动情况进行点评并完成教师打分，最后按学生自评分×40%+教师评分×60%计算得分。

考核评价表

模块八		项目二　新田煤矿 5G 专网与视频 AI 分析系统		
班级		姓名		
评价类别	考核内容	分数	学生自评分	教师评分
知识目标	了解新田煤矿 5G 专网	25		
	了解新田煤矿视频 AI 分析系统	25		
能力目标	能正确理解 5G 专网与视频 AI 分析系统的工作原理	25		
素质目标	养成不断学习、不断钻研、追求卓越的敬业精神	25		
小计		100		

项目三　黄陵一号煤矿智能化矿山建设实践

◎ 学习目标

☞ 知识目标

（1）了解煤矿智能化功能。

（2）了解煤矿智能化技术特点及先进性。

☞ 能力目标

（1）能正确认识智能化建设成效。

（2）能正确理解智能化发展的趋势。

☞ 素质目标

在工作中培养永不停滞、勇往向前的工作热情。

◎ 案例导入

陕西陕煤黄陵矿业有限公司一号煤矿（简称黄陵一号煤矿），核定生产能力 600 万

t/a，可采煤层为2号煤层，井田面积184 km²，地质储量3.59亿t，可采储量2.81亿t，矿井采用平硐开拓、单水平开采，分区抽出式通风，综合机械化长壁后退式采煤；主运输采用带式输送机，辅助运输采用无轨胶轮车，煤层自燃倾向性为Ⅱ类，属水文地质类型中等的高瓦斯矿井。2020年，黄陵一号煤矿被列入国家首批智能化示范煤矿建设名单。

黄陵一号煤矿作为高瓦斯矿井，近年来，将瓦斯治理视为"生命"工程，以实现瓦斯零超限为目标，采用矿山物联网、大数据、云计算、煤矿5G、人工智能等技术，建成了瓦斯智能抽采中心，形成具有精准感知、自主决策、自主控制、自动适应能力的抽采系统，实现瓦斯抽采全过程数字化、智能化、可视化，为瓦斯全方位治理提供强大的技术保障，夯实煤矿安全生产根基。

◎ 知识链接

2013年，黄陵一号煤矿在全国范围内率先完成全国产装备智能化开采技术研究与应用，首创了地面远程操控采煤模式，实现了地面采煤作业的常态化，圆了煤炭人地面采煤的梦想，填补了我国煤矿智能化无人综采技术的空白，整体技术达到国际领先水平；2020年，在实现智能开采常态化应用的基础上，积极探索研究透明地质智能开采技术，实现了从传统的"记忆截割、远程干预1.0"向"自主截割、无人干预2.0"的技术跨越；2020年9月15日，通过中国煤炭工业协会科技成果鉴定，达到国际领先水平。黄陵一号煤矿智能开采技术路线如图8-2所示。

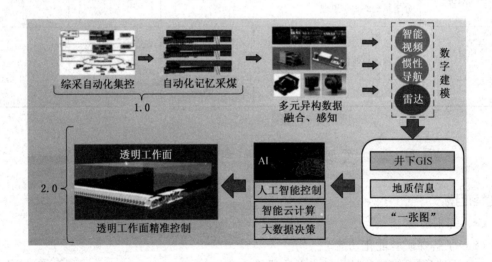

图8-2 黄陵一号煤矿智能开采技术路线图

一、快速掘进建设基础

黄陵一号煤矿根据井下实际条件，利用改造型掘进机+可弯曲胶带转载机+跨骑式四臂锚杆钻车+迈步式自移机尾+多功能巷道修复机进行快速掘进作业，该套设备完成了1009辅助运输巷组装与调试工作，实现了掘进与支护平行作业，实现了月掘进进尺550 m。并与西安煤矿机械有限公司合作"半煤岩智能快速掘进成套装备研发与示范"项目，开发了掘锚护一体机+交错式掘进超前支护装置+锚运一体机+矿用自移式快速带式输送机+智能管控系统，提高了掘进机开机率，破解了复杂地质条件半煤岩巷智能掘进难题，提高了掘进效率，保障了安全生产。

二、生产辅助系统建设基础

（1）建成地面指挥控制中心，实现了对井下主运输送带、主供电设备、主排水泵、主要通风机和选煤厂等子系统的远程集中控制，以及视频监控和数据监测分析等功能，达到了生产环节运行情况的全监控效果，形成了"无人值守、有人巡视"的控制模式。

（2）在全矿井所有主运输送带、变电所和水泵房安装24套巡检机器人，替代人工进行智能化巡检，实现了"无人巡视、无人值守"的目的。创新建立了基于5G通信的车辆管理及人员定位系统，实现了辅助运输管理由"零散管理"到"可视统一"的技术飞跃。

（3）以精确定位技术为基础，以辅助运输系统安全管控为目标，以车载智能终端为控制核心，将5G、WiFi技术与井下信号灯、智能调度、GIS地理信息和人员定位管理系统相融合，实现了运行车辆的实时跟踪、定位、通信，达到车辆可视化管理和高效调配的目标，提高了车辆运行效率，让井下"网络打车"成为现实；并搭配车辆危险驾驶、特殊运行路段、红绿灯语音报警功能，辅助驾驶员规范驾驶，实现了辅助运输系统智能、高效、安全运行。

三、信息化建设基础

（1）建立安全生产信息共享管理平台。一是充分融合了地理信息、云平台、大数据、物联网等信息技术，通过图件叠加综合直观展现在GIS一张图上，实现了对矿井采掘工程、地质测量、防治水、"一通三防"、机电运输、监测监控、应急救援、安全风险、预测预警、气象信息等数据的立体化融合，杜绝了矿井"空间数据"和"业务数据"不规范、不统一、不科学等管理漏洞；二是通过安全生产网数据接入，对矿井风险管控、安全管理、职工健康等数据进行多维度综合性分析和展示，解决了安全管理过程中的诸多问题，从源头上堵塞了矿井不安全因素，达到了隐患双重防御与隐患的深度闭环式管理；三是通过经营销售网数据接入，对矿井总产量、销售库存、排水用电、煤炭价格等信息进行展示，为矿井精确管理提供科学依据，避免了"信息孤岛"经营管理漏洞；四是通过物流供应网数据接入，达到物资数据与生产信息的集中共享，有效降低了库存物资资金占用，达到当日材料消耗与吨煤生产精准管理目标；五是在信息化数据传输方面，建立了万兆有线加无线的立体化数据通信跑道，使矿井信息化发展更通畅。

（2）建成万兆工业环网+4G+5G+WiFi的立体化通信网络。一是实现了矿井5G通信、WiFi、UWB定位等功能，为智能矿山建设无线智能监测、智能机器人巡检、智能维护云服务等奠定基础；二是5G通信项目整体设计基于数字矿山"一网一站多系统"的核心理念，通过建设多功能基站并接入现有工业环网，实现了井下车辆精准定位、测速、车辆语音通信调度、人员精准定位、黄陵一号煤矿5G通信及数据无线传输与井下WiFi覆盖等功能。黄陵一号煤矿5G通信网络架构如图8-3所示。

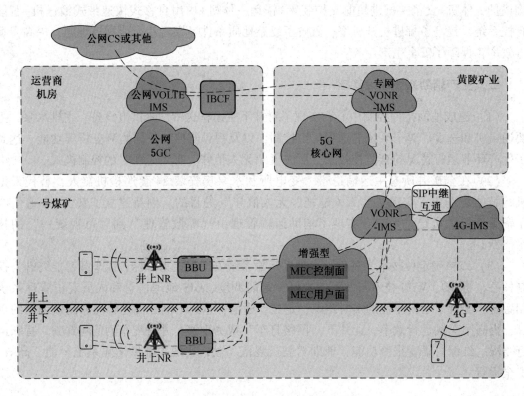

图 8-3 黄陵一号煤矿 5G 通信网络架构图

四、智能化煤矿建设方案

（1）实现大数据服务中心承载，统一数据采集、传输、存储和访问接口标准。

（2）基于微服务架构和"资源化、场景化、平台化"思想的智能综合决策管控平台，融合生产各业务系统，实现煤矿地质勘探、巷道掘进、煤炭开采、主辅运输、通风排水、供液供电、安全防控等智能化集成设计，实现多部门、多专业、多管理层面的数据集中应用、共享交互和决策支持，井上井下各系统实现监测、控制、管理的一体化及智能联动控制。

（3）基于"数据驱动、数字采矿"理念，实现基于 GIM 时空一张图（4D GIS，平面图+BIM，建筑模型），为智能化煤矿提供三维可视化、协同设计、仿真模拟、矿山及设备全生命周期管理等服务。

（4）实现矿井通风系统智能化，通过精准感知技术与装备，实现对风阻、风量、风压等参数的智能感知。

（5）利用大数据与人工智能 AI 等技术，迭代升级煤矿安全、生产、经营、物资配送的智能分析与辅助决策。

（6）利用信息化、数字化、智能化等先进技术，遵循 NOSA 管理体系要求，构建成套煤矿安全风险智能化预警及管控体系。实现人、机、环、管多系统的信息感知、融合、动态辨识、有效预警、智能决策、协同控制，建设世界一流智能化矿山。

五、智能化煤矿建设成效

黄陵一号煤矿根据国家能源局《智能化示范煤矿验收管理办法（试行）》整体要求，完成了 22 个智能化建设项目，构建形成了"一个智能管控云平台引领、一个数据中心支撑、N 个子系统保障"的"1+1+N"智能化矿井建设模式。

六、建设智能综合管控云平台

以生产及安全为核心，将综合自动化系统和安全监控系统数据进行融合，构建数据服务生产，实现对设计、生产、安全、设备管理等多角度多维的数据分析；构建生产集成自动化、监控全局实时化、统计分析一体化的综合管控平台，打造"可视、可控、可算"的智慧大脑，实现了矿井的远程智能巡检和矿井检修模式到生产模式的一键切换，完成了"系统智能化"到"智能系统化"的跨越；做到了调度指挥的全息可视、重大危险的智能预警、安全管理的动态诊断、生产过程的协同控制、经营管理的智能分析、业务流程的高效协同。

七、建设具有服务器、网络安全检测、防护功能的万兆连接数据的云计算平台

基于云计算包含模型库和算法库的决策支持承载，实现了矿井所有数据云端存储、处理，并实现了在虚拟化应用平台部署相关应用，以及物联网平台、3D GIS 平台、组态化编辑与展示平台、设计协同平台等组件的编辑、展示与综合承载。黄陵一号煤矿云计算平台系统如图 8-4 所示。

八、形成矿井云 GIS 系统

对安全生产信息共享平台进行改造升级，形成了一套矿井云 GIS 系统，融入矿井智能综合决策管控平台，实现了将存储的地质数据进行关联分析，将分析处理后的成果形成影像，并以可视化的方式呈现；构建了三维地质模型，结合揭露的实际地质信息与工程信息对模型进行修改，真实反映井上下地层结构和构造分布情况。

九、开发 AI+风险防控系统

通过综合运用人工智能、大数据、云计算、物联网、工业环网、移动网络等技术，研发建成了 AI+风险防控系统，形成了风险防控一体化解决方案。

（1）在信息感知层面，主要采用高清摄像机、红外摄像机和智能安全帽等单兵装备，实时采集人员、设备、环境图像、视频和生命体征等信息，并接入监测监控、水情在线监测等各类信息化系统数据。

（2）在数据传输层面，主要通过布置交换机，以 10 万兆工业环网、移动网络等传输感知数据；在数据处理层面，主要以 AI 智能推理服务器、云计算虚拟化硬件平台、云计算虚拟化服务器、流媒体服务器、图形工作站等组建数据中心，统一主数据、元数据格式，规范数据索引和建表，实现了数据实时汇入、存储洗选、融合交互，满足算法需要。

（3）在决策响应层面，基于算法模型，正常状态下保持静默，异常状态下，即刻通过

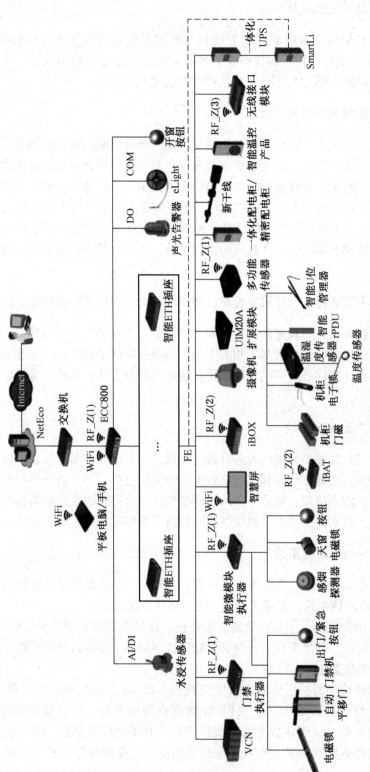

图8-4 黄陵一号煤矿云计算平台系统图

声、光装置进行报警；在指令反馈层面，特别情况下发出报警的同时，向关联设备发出指令，使设备停止运转、闭锁。

通过对人的不安全行为的防控，物和环境不安全状态的防控，对关键作业的不规范操作的防控，并采用全程跟踪、辨识风险、分析预警等手段，对煤矿安全管理方式进行深刻变革，开创了"人工和AI+风险防控智能系统双重风险监管"先河，消除了单一人工风险监管在时间上的漏洞和空间上的盲区，确保了风险始终"可控、在控"，从多个环节确保了作业安全。

十、智能化开采与无煤柱自成巷的融合

通过在后巷应用垛式液压支架，配合使用支架搬运机器人、单轨吊辅助运输系统，实现了沿空留巷尾巷支护和支架前移自动化，降低了劳动强度，提高了安全系数。

十一、搭建智能掘进管控平台

通过对快速掘进装备进行升级，搭建了一套具备远程总控制的管控平台，对关键部位进行视频监测、一键启停、异常远程干预等操作。掘进机具备自动定位与导向功能，能够进行自适应截割与行走；具备掘进工作面环境（粉尘、瓦斯、水等）智能监测功能，并具备监测环境数据智能分析。

十二、完善生产辅助系统智能化建设

对照智能化煤矿建设要求，将原有的供电、供排水、运输、通风等系统在常规化智能化控制基础上持续升级。

（1）在现有供电系统的基础上增加相关电力保护软硬件、防越级、电度计量、节能运行、数据实时采集、多源异构整合分析等功能，达到对供电系统能力安全分析、实时在线计算、分析矿井线路和变压器等设备的智能电力保障管控平台。

（2）将矿井排水系统与水文监测系统进行智能联动，实现矿井排水系统依据管路水压、水仓水位进行智能抽排、负荷调控、管网调配、给排水管线与设备故障分析诊断预警等功能。

（3）建立矿井智能通风控制系统。通过矿井智能综合决策管控平台与其他子系统实现联动功能，以井下各个地点监测到的甲烷浓度、风压、风速、风量等参数为支撑，实现了对监测数据的实时自动分析，与通风网络解算系统相融合，对矿井通风网络进行解算，并出具通风网络解算结果报告，根据解算结果，自动给出调风方案，自动建立矿井动态三维立体通风系统图，实现实时在线监测与预警功能。

（4）建立火灾监测系统和自动喷雾系统，实现了对监测区域火灾参数的智能监测、分析，并根据分析处理结果进行智能预测、预警和火灾的实时监测仿真，对避灾路线智能规划；实现了自动识别煤流自动喷雾除尘功能、人员感知功能和根据粉尘浓度智能调节喷雾开关和喷雾量功能。

（5）建立智能可视化打钻系统。智能可视化打钻系统由可视化监控系统、远程智能控制系统和矿用智能钻机组成，智能钻机配有无线遥控器、自动上下钻杆系统、姿态调节辅助系统、远程智能控制系统、钻孔轨迹测量系统和可视化监控系统6大系统，具备自动上

下钻杆、无线遥控操作、一键启动钻机、数据自动记录、自适应钻进等8项功能，可根据钻场设计，自动调节钻机方位角、倾角、开孔高度等，实现了打钻作业过程自动化、智能化及瓦斯抽采作业全过程的管控。

◎ **知识加油站**

使用移动端识别二维码，观看视频资源，了解陕煤集团黄陵一号煤矿智能矿井建设纪实。

视频 黄陵一号煤矿智能化建设

◎ **任务实施**

【任务要求】

请同学们利用互联网搜索黄陵一号煤矿智能化矿山建设实践过程中的具体做法，以图片或者视频的形式汇总。根据引导问题逐步学习、研讨，最终以PPT形式汇报成果。

【任务计划与实施】

引导问题1：黄陵一号煤矿是如何建设智能综合管控云平台的？

引导问题2：黄陵一号煤矿建设的AI+风险防控系统具体包括哪些内容？

◎ **思政小课堂**

矿山物联网、大数据、云计算、煤矿5G、人工智能等技术的应用，支撑煤炭生产由劳动密集型向技术密集型转变，并加快智能、安全、高效的现代智能煤炭生产体系建设，对提高煤矿企业技术革新具有重要意义。通过学习黄陵一号煤矿智能化矿山建设实践应用案例，引导和鼓励更多青年学子关注并投身科技创新，为我国高水平科技自立自强积蓄人才力量。

◎ **任务考核**

1．（多选题）黄陵一号煤矿建立安全生产信息共享管理平台，杜绝了矿井"空间数据"和"业务数据"存在的（　　）等管理漏洞。

A．不规范　　　　B．不统一　　　　C．不科学　　　　D．不协调

2．（多选题）基于微服务架构和（　　）思想的智能综合决策管控平台，能够实现多部门、多专业、多管理层面的数据集中应用、共享交互和决策支持，井上井下各系统实现监测、控制、管理的一体化及智能联动控制。

A. 数据化　　　　B. 资源化　　　　C. 场景化　　　　D. 平台化

3.（单选题）黄陵一号煤矿根据国家能源局《智能化示范煤矿验收管理办法（试行）》整体要求，完成了22个智能化建设项目，构建形成了"一个智能管控云平台引领、一个数据中心支撑、（　）个子系统保障"的智能化矿井建设模式。

A. 1　　　　　　B. 2　　　　　　C. 5　　　　　　D. n

4.（判断题）黄陵一号煤矿建立火灾监测系统和自动喷雾系统，实现了对监测区域火灾参数的智能监测、分析，并根据分析处理结果进行智能预测、预警和火灾的实时监测仿真，对避灾路线智能规划。（　　）

◎ **任务评价**

根据考核内容，学生完成自我小结并进行自评打分，教师根据学生活动情况进行点评并完成教师打分，最后按学生自评分×40%＋教师评分×60%计算得分。

考核评价表

模块八		项目三　黄陵一号煤矿智能化矿山建设实践		
班级		姓名		
评价类别	考核内容	分数	学生自评分	教师评分
知识目标	了解煤矿智能化功能	20		
	了解煤矿智能化技术特点及先进性	20		
能力目标	能正确认识智能化建设成效	20		
	能正确理解智能化发展的趋势	20		
素质目标	在工作中培养永不停滞、勇往向前的工作热情	20		
	小计	100		

参 考 文 献

[1] 于洪珍，徐立中，王慧斌．监测监控信息融合技术［M］．北京：清华大学出版社，2011．
[2] 王耀．基于5G工业互联网的井工煤矿信息化技术研究［J］．工矿自动化，2023，49（S1）：29-31．
[3] 石云东，廉原原，鞠丽，等．煤矿瓦斯安全监测监控系统研究应用［J］．煤炭技术，2023，42（9）：234-237．
[4] 李润求，周利华．安全监测监控原理与仪表［M］．徐州：中国矿业大学出版社，2018．
[5] 秦宪礼．安全监测监控原理［M］．北京：煤炭工业出版社，2015．
[6] 孙旭东，刘庚慧，段星月，等．智能化煤矿监测监控数据治理能力提升路径研究［J］．煤炭工程，2023，55（6）：139-144．
[7] 崔俊飞．安全监控超限报警信息融合系统建设［J］．煤炭技术，2021，40（8）：168-170．
[8] 魏引尚，李树刚．安全监测监控技术［M］．徐州：中国矿业大学出版社，2014．
[9] 姚向荣，金登刚．煤矿安全监测监控技术与操作［M］．徐州：中国矿业大学出版社，2012．
[10] 王勇．煤矿多系统"一张图"融合联动平台设计［J］．工矿自动化，2019，45（9）：99-102+108．
[11] 王启峰．煤矿安全监控多系统井下融合方法［J］．工矿自动化，2017，43（2）：7-10．
[12] 张宏．煤矿安全监测与监控技术［M］．徐州：中国矿业大学出版社，2013．
[13] 国家安全生产监督管理总局宣传教育中心．煤矿安全监测监控作业操作资格培训考核教材［M］．徐州：中国矿业大学出版社，2017．
[14] 赵云矿．煤矿安全监测监控作业安全培训教材［M］．徐州：中国矿业大学出版社，2016．
[15] 中华人民共和国应急管理部，国家矿山安全监察局．煤矿安全规程［M］．北京：应急管理出版社，2022．
[16] 蒋曙光，王凯，吴征艳，等．安全监测监控［M］．徐州：中国矿业大学出版社，2020．
[17] 刘媛媛．煤矿安全监控系统技术现状及智能化发展趋势［J］．矿业安全与环保，2021，48（4）：104-108．
[18] 马红梅，薛伟宁，彭程．煤矿电工学与安全监测监控系统［M］．徐州：中国矿业大学出版社，2021．
[19] 王培强，孙亚楠．煤矿安全监测监控技术［M］．北京：煤炭工业出版社，2017．
[20] 刘芬．光纤传输技术在煤矿监控系统中的应用［J］．煤矿安全，2021，52（8）：147-151．
[21] 姚向荣，朱云辉．煤矿安全监测监控技术实训指导［M］．北京：冶金工业出版社，2015．
[22] 孟峰，张磊，赵子未，等．基于物联网的智能传感器技术及其应用［J］．工矿自动化，2021，47（S1）：48-50．
[23] 马龙．CAN通讯技术在煤矿监控系统中的应用［J］．煤矿安全，2019，50（12）：106-109．
[24] 程健．煤矿自动化工程［M］．徐州：中国矿业大学出版社，2017．
[25] 张璞，侯建军，石记红．新一代煤矿安全监控系统实用教程［M］．徐州：中国矿业大学出版社，2022．
[26] 徐闯，何青松．基于多网融合及联动的煤矿安全监控系统设计［J］．矿业安全与环保，2018，45（6）：66-68．
[27] 郭建文，李莉．煤矿瓦斯监测监控实用技术［M］．北京：煤炭工业出版社，2019．
[28] 王峰．煤矿井下无线传感器网络技术［M］．北京：国防工业出版社，2015．
[29] 赵越．基于以太网的煤矿监控分站软件升级技术［J］．煤矿安全，2018，49（3）：95-97．
[30] 李国民，章鳌，贺耀宜，等．智能矿井多元监控数据集成关键技术研究［J］．工矿自动化，2022，48（8）：127-130+146．
[31] 王显政．煤矿安全新技术［M］．北京：煤炭工业出版社，2002．

[32] 靳建伟,李桦.煤矿安全[M].徐州:中国矿业大学出版社,2018.

[33] 陈岩,郭宏.无线传感器网络技术及在煤矿安全监控中的应用[M].北京:中央民族大学出版社,2011.

[34] 煤炭科学研究总院经济研究所.煤矿企业数字矿山建设[M].北京:中国经济出版社,2013.

[35] 任红岗,王建文,赵旭林,等.矿山开采数字化精准设计技术研究及应用[M].北京:冶金工业出版社,2022.

[36] 韩建国.神华集团数字矿山规划研究[M].北京:煤炭工业出版社,2012.

[37] 赵文才.煤矿智能化技术应用[M].北京:煤炭工业出版社,2019.

[38] 曹庆钰,马龙,白立化.通信工程技术与煤矿智能化研究[M].长春:吉林科学技术出版社,2021.

[39] 邢旭东,高峰,王波,等.煤矿智能化综采技术研究及应用[M].北京:应急管理出版社,2022.

图书在版编目（CIP）数据

煤矿安全智能监测监控技术 / 孟然，贠少强，李玉杰主编． -- 北京：应急管理出版社，2024． --（煤炭职业教育"十四五"规划教材）． -- ISBN 978-7-5237-0689-3

Ⅰ．TD76

中国国家版本馆 CIP 数据核字第 2024T4H748 号

煤矿安全智能监测监控技术

（煤炭职业教育"十四五"规划教材）

主　　编	孟　然　贠少强　李玉杰
责任编辑	肖　力
责任校对	赵　盼
封面设计	之　舟

出版发行	应急管理出版社（北京市朝阳区芍药居 35 号　100029）
电　　话	010-84657898（总编室）　　010-84657880（读者服务部）
网　　址	www.cciph.com.cn
印　　刷	河北鹏远艺兴科技有限公司
经　　销	全国新华书店
开　　本	787mm×1092mm $\frac{1}{16}$　印张 $12\frac{1}{2}$　字数 294 千字
版　　次	2024 年 10 月第 1 版　2024 年 10 月第 1 次印刷
社内编号	20240152　　　　　定价 40.00 元

版权所有　违者必究

本书如有缺页、倒页、脱页等质量问题，本社负责调换，电话：010-84657880